U0567851

心理咨询与治疗丛书

心理咨询与治疗督导手册

Supervision Manual for Counseling and Psychotherapy

主　编　贾晓明

副主编　钱铭怡　樊富珉

中国人民大学出版社

·北京·

图书在版编目（CIP）数据

心理咨询与治疗督导手册 / 贾晓明主编；钱铭怡，樊富珉副主编. --北京：中国人民大学出版社，2023.6
（心理咨询与治疗丛书）
ISBN 978-7-300-31817-2

Ⅰ.①心… Ⅱ.①贾… ②钱… ③樊… Ⅲ.①心理咨询-手册 Ⅳ.①B849.1-62

中国国家版本馆 CIP 数据核字（2023）第 103561 号

心理咨询与治疗丛书
心理咨询与治疗督导手册
主　编　贾晓明
副主编　钱铭怡　樊富珉
Xinli Zixun yu Zhiliao Dudao Shouce

出版发行	中国人民大学出版社		
社　　址	北京中关村大街 31 号	**邮政编码**	100080
电　　话	010－62511242（总编室）		010－62511770（质管部）
	010－82501766（邮购部）		010－62514148（门市部）
	010－62515195（发行公司）		010－62515275（盗版举报）
网　　址	http://www.crup.com.cn		
经　　销	新华书店		
印　　刷	天津中印联印务有限公司		
开　　本	720 mm×1000 mm　1/16	**版　　次**	2023 年 6 月第 1 版
印　　张	15.5 插页 1	**印　　次**	2023 年 6 月第 1 次印刷
字　　数	234 000	**定　　价**	58.00 元

作者简介

主编

贾晓明

北京理工大学人文与社会科学学院教授、博士生导师。中国心理学会理事，中国心理学会临床心理学注册工作委员会主任委员、临床与咨询心理学专业委员会副主任委员、心理学行业立法推进工作委员会副主任委员，中国心理卫生协会精神分析专业委员会副主任委员、大学生心理咨询专业委员会副主任委员。中国心理学会注册系统首批注册督导师（D-06-027）。

副主编

钱铭怡

北京大学心理与认知科学学院教授（退休），香港中文大学（深圳）学生健康辅导中心名誉主任、人文社科学院应用心理学兼职教授。中国心理学会理事与会士，中国心理学会临床心理学注册工作委员会副主任委员、伦理工作组副组长，教育部普通高等学校学生心理健康教育专家指导委员会委员，世界心理治疗学会会士。中国心理学会注册系统首批注册督导师（D-06-061）。

樊富珉

清华大学社会科学学院心理学系临床心理学教授、博士生导师（退休），现任北京师范大学心理学部临床与咨询心理学院院长、教授。中国心理学会认定心理学家，中国科协全国临床与咨询心理学首席科学传播专家，教育部普通高等学校学生心理健康教育专家指导委员会委员，中国心理学会临床心理学注册工作委员会监事组组长。中国心理学会注册系统首批注册督导师（D-06-010）。

其他编写者

王建平

北京师范大学二级教授，精神医学医师（1983—1995）。医学学士，心理学硕士、博士，临床心理学博士后（中国科学院心理研究所和哈佛医学院各2年）。北京师范大学心理学部临床与咨询心理学院副院长，中国心理卫生协会认知行为治疗专业委员会副主任委员，中国心理学会临床心理学注册工作委员会常务委员，中国心理学会注册系统首批注册督导师（D-06-073）。美国认知治疗学院（Academy of Cognitive Therapy）会士和认证治疗师，美国贝克研究所CBT国际顾问委员会委员。

桑志芹

南京大学社会学院心理学系教授、博士生导师。中国心理学会临床心理学注册工作委员会副主任委员，中国心理卫生协会团体心理辅导与治疗专业委员会主任委员、大学生心理咨询专业委员会副主任委员、心理治疗与心理咨询专业委员会副主任委员、完形心理治疗学组组长，江苏省社会心理学学会理事长。中国心理学会注册系统首批注册督导师（D-06-062）。

瞿伟

原第三军医大学附属西南医院临床心理科创始人，现任重庆医科大学附属第三医院临床心理科主任。中国心理学会临床心理学注册工作委员会委员、中国心理卫生协会心理治疗与心理咨询专业委员会委员、西部精神医学协会理事兼女性心理健康专业委员会副主任委员、重庆市医学会心身与行为医学专业委员会副主任委员、重庆市心理卫生协会副理事长等。中国心理学会注册系统首批注册督导师（D-06-029）。

李焰

清华大学学生心理发展指导中心主任，教授，博士。教育部普通高等学校学生心理健康教育专家指导委员会副秘书长，中国心理学会临床心理学注册工作委员会委员、注册督导师（D-12-004），中国心理卫生协会大学生心理咨询专业委员会主任委员、心理咨询师专业委员会副主任委员。

安芹

北京理工大学人文与社会科学学院副教授、硕士生导师。中国心理学会临床心理学注册工作委员会常务委员、伦理工作组副组长、临床与咨询心理学专业委员会委员。中国心理学会注册系统首批注册督导师（D-06-001）。

前 言

《心理咨询与治疗督导手册》一书就要出版了，作为此书的主编，我有些激动。想来此书是国内第一本系统介绍心理咨询与治疗督导的专业书籍，它不仅是国内心理咨询与治疗专业化发展过程中一个标志性成果，也是中国心理学会临床心理学注册工作委员会（也称临床与咨询心理学专业机构和专业人员注册系统）多年推动督导领域一系列相关工作的结晶，让人由衷地感到欣喜与骄傲。

督导是心理咨询与治疗领域中的重要专业实践活动，是培养有胜任力的心理咨询与治疗专业人员过程中一个必不可少的环节和内容。要想成为心理咨询与治疗的专业人员，不仅要学习相关理论，更要有直接针对服务对象开展工作的专业实习；没有督导的实习不能称为实习，没有督导的实习甚至是危险的。因此，督导在维持心理咨询与治疗服务的职业标准方面具有非常重要的作用，既要监督从事心理咨询与治疗工作人员的服务质量，保护服务对象的利益以及公众利益，同时又要提升受督者的专业实践能力，把守好行业准入大门。而即使是经过实习已经进入专业实践服务领域的从业人员，也同样需要督导保证服务质量。

当下，心理咨询与治疗行业内对督导越来越重视，不仅在临床与咨询心理学的学历教育的培养方案中实习与督导成为重要组成部分，而且不管是新手咨询师/治疗师，还是已经从业多年的专业人员，都逐步将督导作为职业生涯过程中不可或缺的部分，主动寻求督导、接受督导，也有越来越多的专业人员通过培训和实践成为有胜任力的督导师，极大地推动了行业专业化的发展。

当今在业内获得共识并逐渐规范的督导专业活动，就像心理咨询与治疗一样，也在国内经历了一个发展过程。作为一名亲历者和见证者，我虽不能概括一段历史，但也希望通过下面的分享帮助读者窥见一斑。

督导的雏形 20 世纪 90 年代初，北京医科大学精神卫生研究所的二楼餐厅成了每月一次的定期督导的场所，钟友彬、许又新教授在这里领衔开启了国内最早的督导活动。这项督导活动由中国心理卫生协会心理治疗与心理咨询专业委员会组织，当时的主任委员陈仲庚教授在第一次活动时前来讲话，钱铭怡老师作为委员会的秘书参与组织工作并每次在场。那时，几十个来自北京各个领域、有志于从事心理咨询与治疗的年轻人挤在不大的空间里，带着显得稚嫩的案例前来接受前辈的督导，充满热情和学习渴望的场面现在还历历在目。许大夫对神经症的透彻的解读、钟大夫所创建的认知领悟疗法对个案的独特理解，让我们这些后辈在理论与实践方面获得了诸多启迪。这些宝贵的经验与他们无私的奉献如此珍贵，不仅促进参与者专业上的成长，更构成了人格层面的熏陶。当时这样的督导活动虽然跟现在所界定的督导不完全一致，但其具有督导的诸多功能，是非常有意义的督导实践，成为国内督导的雏形。

个别的海外学者督导与同辈督导的实践 1993 年，当时在夏威夷大学医学院任教的曾文星教授来北京医科大学精神卫生研究所讲学，采取了督导的方式，参加者可以带个案报告，也可以将病人或来访者直接带过来，参与者通过同步视频观看曾教授的直接实务工作。那次应该是我接受的第一次比较正式的团体督导，报告了一个正在进行的困难个案。那时，我经验不足，又很年轻，但督导过程中曾教授对我作为专业同行的尊重以及谦虚的工作态度、循循善诱的指导，直到现在都让我难以忘怀。他也一直是我开展督导工作的榜样。

也就是在这次曾教授的督导专业活动上，北京的一些志同道合者在活动后自发组成了一个名为“心灵绿洲”的小组，开启了每月一次的同辈督导。每次由一名小组成员报告案例，大家一起讨论，帮助提供案例的组员反思，从不同视角理解个案，更难得会关注个人议题如何影响到咨询与治疗过程。小组成员有黄衡玉、李子勋、方新、赵梅、侯志瑾、郑宁、杨眉、李林英以及本人，之后有朱建军、丛中等加入。这个小组可以说开启了国内同辈督导的先河。小组活动持续多年，每个人在小组中不断成长。之后在 1997 年，大多数小组成员参加了第一期中德高级心理治疗师连续培训项目。如今，这些小组成员早已成为国内心理咨询与治疗领域的专家，“心灵绿洲”的同辈督导也成为各自专业发展历程中的浓浓一笔。

连续培训项目中的规范督导　1997 年的第一期中德高级心理治疗师连续培训项目，应该说是国内专业培训中学员第一次接受持续性的系统规范的专业督导。我在精神分析小组。与之前参加的许多培训不同，这个培训安排中督导占据了主要内容，学员分别提供各自的案例，接受德国老师的督导进行专业学习，督导安排的时间多于理论学习的时间（理论学习更多是课后自我学习）。开始接受督导时，不管是自己还是组员，感觉都很紧张，不知道怎么报告案例，怕老师提的问题回答不上来。第二次在北京集训时，本组的德国老师觉得关于第一次集训的主题“如何进行初始访谈”大家还没有掌握，又继续安排案例督导培训如何进行初始访谈。也就是在这样的细致、严谨、系统的督导培训下，三年下来，学员们在临床实务上获得了很好的胜任力，为以后的专业发展打下了良好的基础。之后，许多中德一期的学员成为国内心理咨询与治疗领域的领军人物。

除了在中德班接受了长期系统的规范督导，2000－2002 年我还有幸参加北京师范大学林孟平老师主办的人本主义方向博士班的课程学习。在这个班里，临床实务的训练也是重中之重。同学们在许多高校咨询中心实习，然后回到课堂接受林孟平老师的督导。通过全日制下每周的理论学习、实习督导、个人成长小组活动，同学们不仅系统学习了以人为中心的理论，更是浸泡式地体会、实践如何在实务中帮助来访者，督导仍然是受训中的关键一环。

培养督导师的培训项目启动　某一流派的系统培训为学员提供了专业

规范的督导。国内心理咨询与治疗发展需要有自己的督导师。2002 年起，中德一期的学员开始和来自欧洲的老师特别是来自德国的老师在精神分析连续培训中一起担任教员，和外方老师一起带组提供督导服务，在实践中学习如何进行督导。而自 2003 年起，跨学派的督导培训以及某一流派的督导师培训也启动，形成了培养国内督导师的局面。

2002 年，北京精神分析连续培训项目启动，中德一期的学员开始和来自挪威、荷兰、阿根廷等国的精神分析师一起作为教师带组督导。

2003 年，台湾的萧文教授在祖国大陆举办了循环督导理论培训讲座，这种督导理论由萧文创立，这个培训讲座有国内许多在心理咨询治疗领域有经验的专家参加。

2005 年中挪心理动力学督导连续培训项目开启了某一流派督导师培训的先河，中德一期的学员成为这个督导连续培训项目的第一期学员。想起来非常有意思的是，在接受挪威老师的“督导之督导”时，大家常常有和督导老师过招的感觉。培训几年下来，大家对某一流派的督导师是如何炼成的有了宝贵的经验。之后，中德家庭治疗督导师培训、认知行为督导师培训也都应运而生。

注册系统推动专业督导建设 一些高校、医疗机构的长期、连续培训项目的兴起，可以说在一定程度上弥补了国内学历教育培养心理咨询与治疗专业人员的不足，也使国内心理咨询与治疗领域获得了培养有胜任力的专业人员的宝贵经验，为行业领域的进一步规范发展提供了一定的基础，尤其是在督导方面。而 21 世纪初国内心理咨询与治疗领域发生的重大事件从某种程度上推动了专业学术组织制定专业标准、规范的行动。

劳动部于 2001 年 4 月正式推出《心理咨询师国家职业标准（试行）》，并将“心理咨询师”正式收入《中国职业大典》。2002 年，心理咨询师国家职业资格项目正式启动，实行全国统一职业资格考试，每年举办两次。但是，由于此考试和资格认证存在的许多问题和弊端，加之国内心理咨询与治疗业内存在的一些乱象和缺乏管理的问题，也促使国内的有识之士开始探讨如何从行业学会的角度对心理咨询与治疗领域进行规范管理。

2004—2005 年，由钟杰发起，钱铭怡教授与国内一些志同道合者筹建了中国心理学会临床与咨询心理学专业机构和专业人员注册系统（简称注册系统），其初心和使命是希望建立一个心理咨询与治疗机构与人员自我管理和质量监控体系，目标是对国内的心理咨询与治疗人员进行专业行会式管理。随着注册系统被中国心理学会正式批准成立，国内第一批 108 名注册督导师于 2006 年正式注册，注册号为 D-06-0××。

可以说，在督导的规范发展中，注册系统起到了关键性作用，这首先体现在 2007 年、2018 年发布的《中国心理学会临床与咨询心理学专业机构和专业人员注册标准》（第一版、第二版）和《中国心理学会临床与咨询心理学工作伦理守则》（第一版、第二版）。相关注册标准中对于助理心理师、心理师的注册条件明确规定了督导时数的要求，在注册督导师的注册条件中有关于督导理论学习以及接受"督导之督导"的规定，而伦理守则中也有关于督导的伦理专业规范。

注册标准和伦理守则的出台，有效地推动了国内心理咨询与治疗督导建设。一是在学历教育中，依据注册标准，在临床与咨询心理学学历教育培养方案中有明确的实习督导要求和规定。注册系统从 2021 年开始对符合临床与咨询心理学硕士培养方案要求的高校进行注册登记，北京大学、北京师范大学、华中师范大学成为首批通过注册审核的高校。可喜的是，许多高校在不断努力地按注册标准建设或完善本校的培养方案，特别是在督导方面依据各校实际情况予以创新探索。二是多途径、多种方式推动专业督导工作。2012 年，注册系统开始在全国建设督导项目点，依托各省的某一个机构作为平台，为当地心理咨询与治疗从业人员提供常规督导服务。从 2012 年的 7 个省市的试点，到 2022 年底全国 31 个省、自治区、直辖市全部建立督导项目点，有力地推动了当地专业人员的队伍建设和保障了心理健康服务的质量。三是注册系统组织专业规范的督导培训。一方面，注册系统邀请国外的专家学者来进行督导培训，如聘请来自美国的罗德尼·K. 古德伊尔（Rodney K. Goodyear）和卡罗尔·A. 弗兰德（Carol A. Falender）教授进行系统的督导培训，由湖北东方明见心理健康研究所承办了多期督导培训项目，此培训项目依据跨流派的胜任力督导模型进行培训；另一方面，注册系统也组织了多期由国内专家为教师的督导培训，本书的作者都是参与过注册系统督导培训项目的培训教师。这些培训使什么是督导、如何专业规范地开展督导工作的理念及实践要求等更为明确，使督导工作在国内的开展更加专业，在促进督导专业队伍建设上也卓有成效。截至2022年底，已有近700名督导师在注册系统注册登记，这支队伍是目前国内心理咨询与治疗专业发展的中坚力量。

本书的出版是注册系统多年推动督导专业发展的重要成果。本书的许多作者在注册系统多年兼任重要职务，一直是国内心理咨询与治疗专业化、规范化的重要推动者、实践者，他们在心理咨询与治疗督导领域也耕耘多年，正是他们多年的督导实践经验共同凝聚成本书。本书作者分工如下：第一章（瞿伟，重庆医科大学），第二章（贾晓明，北京理工大学），第三章与第四章（王建平，北京师范大学），第五章（桑志芹，南京大学；李焰，清华大学），第六章（樊富珉，清华大学），第七章（钱铭怡，北京大学；安芹，北京理工大学）。关于各章主要内容，读者们可以观看各章开篇的本章视频导读。在此也特别感谢魏杰博士、李荔波博士、游琳玉博士参与书稿的一些整理工作。

本书作为国内第一本系统介绍心理咨询与治疗督导的专业书籍，具有以下特点：

一是对督导工作的介绍比较全面、系统，既有督导理论，也涉及督导过程的评估、督导关系，以及最常用的个体督导、团体督导方法，同时包括了督导的伦理与法律介绍。

二是书中所介绍内容，经历了国内的本土实践检验，也有对作者自身经验积累的呈现。例如，一对二督导是近些年出现的一种特殊的督导形式，国内在学历教育以及培训项目中已探索使用，书中有所介绍；另外，书中就中国文化背景下一些督导伦理议题的探讨也成为极具价值的专业经验，为国内督导实践提供了规范引导。

三是梳理和界定了各章的主要概念，特别是以往督导文献中所缺少的内容，例如督导师、受督者的概念。作者们集思广益，结合自身多年理论探讨和实践，给出了相关概念的界定。

四是不仅介绍了有关督导的概念、理论、方法，更通过具体案例给予阐释，这在国外的督导书籍中也鲜见，例如通过督导案例讨论如何使用某个督导理论模型进行督导。案例的使用有利于加深对理论与方法的理解以及在督导实务中进行具体操作与使用，对于督导实践有非常强的指导性。

五是全书以及每章开篇都有一个本章视频导读，读者可以通过每章开篇提供的二维码观看作者对书稿内容的简要介绍，对全书以及本章有一个概要了解，并通过视频对作者的思想有直接的认识。

当然，本书仍存在许多不足之处，不能涵盖不同流派的督导理论与实践，对于督导的方法、实践受篇幅所限未能给予更多的笔墨，有关督导的概念、理论、方法还多来自西方。也特别希望业内同行给出宝贵的意见，更期待大家共同努力探索基于本土文化、本土经验的督导理论与方法。

随着国内大众对心理健康服务的需求越来越大，更需要有一定规模的有质量的、有胜任力的心理咨询与治疗专业人员为大众提供有效的心理服务，因此专业督导任重道远！

希望本书对行业发展、对督导这一专业领域有所贡献！让我们共同努力！

贾晓明
2023 年 4 月

目　　录

第一章

督导概述

本章视频导读

学习目标

1. 了解督导的必要性。
2. 理解督导的定义。
3. 掌握督导的功能和任务。

本章导读

在同行聚会中，常常听说某某在做督导、某某在网上公开招募受督者，议论某人才从业没有几年就开始做督导，这引起了很多同行和外行人的好奇。让人禁不住要问，督导师代表的是心理咨询或治疗专业里最高专业“技术职称”吗？这些自诩做督导的人，真正知道督导功能是什么吗？督导师承担怎样的责任？督导资格需要专业机构的认证才能获得吗？本章将回应这些被行业人忽视甚至不了解的问题。

第一节 督导的历史和发展

督导师在行业中的角色如同医生、教师，是一种很古老的职业身份，并且一直以来都在社会上像医生、教师一样备受尊重。督导工作由行业里经验丰富的人承担，并且其将经验和技术一代一代传递下去，就像师父向徒弟传授手艺一样。

督导师在心理健康服务行业里可以说是最高的职级，其职责是传授心理健康服务所需要的知识与技能，对新入行专业人员实践活动中的行为进行监督、评价、反馈、教育、训练和指导，并且帮助受督者确立对本专业价值观和职业的认同感，与受督者建立一种有助于受督者提升职业胜任力的关系。心理健康服务行业中的督导师将专业服务的价值观、理论知识、服务的态度以及专业技能，通过督导的方式在实践中一代又一代传承下去。督导的发展可以粗略分为四个阶段。

第一个阶段——经验传授阶段：20 世纪 50 年代之前，督导只是装装门面，即只有督导的名，督导过程也是非正式的，主要是以“传授经验”的方式进行。其做法就是，督导师根据从自己过去接受督导的经历中所获得的经验进行督导，也就是重复以前督导师的做法；如果督导师感觉自己既往经历的那种方法不好，就不再那样做，或采取相反的方法。由此可见，督导及督导过程是没有督导专业标准的，完全根据督导师个人的经验。但这种经验传递的方式却成为很多心理治疗流派，比如动力性心理治疗、婚姻与家庭治疗、认知行为治疗等临床技能传授的基本手段。

仅仅基于曾经接受督导的经历与经验来开展督导工作，在临床督导过程中暴露出越来越多的问题。比如，同一个受督者在同一个问题上，从不同的督导师那里得到的反馈和指导有可能是不一致的。其理由很简单，因为督导师的反馈与建议受督导师个人经验、督导师治疗流派取向、督导师督导风格、督导师个性等多方面影响，即使是面对同一治疗取向的不同督导师，由于个人经验不同，反馈与建议也会有所不同，那么督导就会给受督者造成一定的心理混乱，让受督者无法清晰知道自己对问题应持的明确态度和未来工作方向是什么。

第二个阶段——不同理论流派督导模式发展阶段：20 世纪五六十年代后，一些学者开始关注督导并有更多研究文献发表。随着学者们对督导及督导过程的探索与认知的提升，逐渐发展出一些督导模式，比如，基于不同治疗流派理论的督导模式，这为不同治疗流派的督导师提供了一个清晰的督导框架，如动力性心理治疗督导模式、认知行为治疗督导模式、婚姻与家庭治疗督导模式、以人为中心的督导模式等。基于治疗流派理论的督导模式，有自己独特的视角，但又有其视角的局限性，比如以人为中心的督导模式。督导是卡尔·兰塞姆·罗杰斯（Carl Ransom Rogers）非常重视的一件事，他说过："督导最重要的目标就是协助治疗师树立自信，了解自己及自己在治疗过程中的专业行为，所以可视为一种修正的会谈形式"（引自 Bernard & Goodyear，2005）。罗杰斯在这句话里，提到了督导的三项任务："帮助受督者觉察自己的专业行为，修正自己的专业行为，提升自己的专业信心"，意思就是，督导是一个纠偏或纠错或补充和提升专业知识与技能的学习过程。罗杰斯相信促进性条件（如真诚、共情、温暖）对于受督者和来访者都是非常必要的，他与他的同事还创建了一个评估量表用来评估受督者的专业水平；此外，罗杰斯的两位同事还设计了专门的教学程序来传授这种对督导关系产生影响的态度。目前，全世界几乎都在使用这种培训技能的方法，并将这种态度定义为督导过程中督导师需要掌握的重要技能之一。但以人为中心的督导模式重点强调了态度，在督导重要功能，比如教育与指导功能方面偏弱，而督导毕竟是专业人员形成专业技能的一个必不可少的经验学习的环节。

第三个阶段——督导发展模型形成阶段：在 20 世纪六七十年代之后，除了基于治疗理论流派建立督导模式外，几个具有代表性的督导发展模型逐渐面世，其中最具代表性的是斯托尔腾博格（Stoltenberg）在他的认知复合模型中定义了四个阶段或者说四种水平，这个模型整合了霍根（Hogan）对于受督者进步各阶段的建议以及哈维等人（Harvey，Hunt & Schroeder）关于概念水平的工作。此外，对目前督导工作有影响力且仍然沿用的督导模型还有：罗内斯塔德（Rønnestad）和斯科夫霍特（Skovholt）（引自 Hackney & Goodyear，2005）的发展模型，伯纳德

(Bernard)的区辨模型，以及霍金斯和肖赫特(Hawkins & Shohet)的七眼模型。这些督导模型从不同视角对督导的角色功能、督导过程及内容、督导任务与目标做了更明确的具体要求，已成为目前督导工作的操作指南。

毋庸置疑，上述这些督导模型对督导工作的开展具有重要的实际指导意义。但在20多年前，仍缺乏有关督导工作的标准及正规训练相关标准，开展督导工作的督导师也没有经过得到有效认证的督导课程的培训，即使是在心理咨询与治疗行业发达的美国也没有专业训练的标准。美国国家及各州心理学专业联合会(The Association of State and Provincial Psychology Board，ASPPB)对督导相关工作的总结是："虽然督导在保护公众利益及心理学家的培训与实践工作中被赋予关键角色，但令人惊讶的是，没有哪个心理学机构知道督导培训相关水平的要求，也很少有督导师报告他们曾经学习过正规的督导课程，大多数督导都只是依赖于自身被督导的经验"(引自 Falender，2022)。有研究发现，在2002年之前，只有不到20%的督导师接受过正式的督导培训(Peak，Nussbaum & Tindell)。更令人意外的是，一半以上的美国和加拿大的督导师都没有接受过正式的临床督导培训；虽然一些督导师接受过心理学博士项目中的督导课程的学习与训练，但其中一半以上也没有接受过成为督导师所需要的正规督导理论培训和临床实践操作技能的系统训练。同样，在国际范围内，接受过正式系统督导训练者的比例同样非常小。此外，督导作为一项专业技术，尽管同心理咨询与治疗密切相关，但并非一位具有丰富经验的咨询师或治疗师就能自然而然成为一位督导师，这就如同一名优秀运动员并不一定理所当然成为一名好教练一样。督导师除了有丰富的咨询与治疗经验外，还应具备督导的专业理论知识和技能。

第四个阶段——基于科学研究标准化督导模型形成和发展阶段：21世纪后。作为一种专业性很强的职业，试想一下，如果没有专业训练标准，那么会出现什么问题？首先，无法评价什么样的督导及督导师是合格的、良好的、优秀的。其次，如果说给督导师颁发执照意味着对督导师专业能力的认可，那么，没有一个督导训练水平的等级标准，就不能确立一个完整的新督导师训练的周期(引自 Bernard & Goodyear，2021)。此外，随着心理学各个领域的发展，心理治疗领域方法的科学性大大增强，作为提升心理健康服务中的核心能力的督导日益受到重视，督导师培训的科学性也受到更多关注。于是，2004 年，卡罗尔·A. 弗兰德和谢弗兰斯科·古德伊尔（Shafranske Goodyear）提出基于正规标准化的督导培训模式、基于胜任力的督导概念，为督导过程的启动、督导流程、督导实施过程和效果评价都提供了清晰的框架和方法，这样一来，对受督者的评价就有了标准可循，而不是将受督者与其他人进行简单的、主观性的比较。以框架为标准，与受督者相关的、特定的、督导师应具备的知识与技能、价值观等都更明确和系统化。基于胜任力的督导模型让专业人员更加关注督导的绩效，评估督导师和受督者的发展，并为督导师提供技术支持。以上这些都为受督者、来访者、公众利益提供了更好的保障。

21 世纪初发展出的基于胜任力的督导模型，不仅在美国同行那里得到广泛认可，而且在不同国家、不同文化背景的同行那里都获得了认同和推崇。目前，督导模型正在从以心理治疗流派为基础的模式转变为以胜任力为基础的模式（引自 Bernard & Goodyear，2021）。这些模型包括过程导向模式、系统导向模式，以及发展模式（引自 Falender & Shafranske，2010）。各种治疗流派和很多国家纷纷制定督导培训课程标准，并建立督导认证标准，让督导有标准可循。

在中国，心理咨询行业还是一种相对新的行业，人们对督导同样只有一些粗浅的认识。国内第一次督导培训，是 2003 年由北大心理学系钱铭怡教授主办，由台湾心理学会前任理事长萧文主讲循环督导模式。之后，各个治疗流派的专业人员也开展起临床督导，大多数都是基于治疗理论的督导模式。直到 2015 年，湖北东方明见的江光荣教授引进了基于胜任力的督导模型，开办了第一期基于胜任力的督导模型系统培训班，并请到了美国首席督导培训师卡罗尔·A. 弗兰德和谢弗兰斯科·古德伊尔亲自授课。第一期、第二期培训班里有国内著名的心理学专家，如钱铭怡教授、樊富珉教授、贾晓明教授、杨蕴平教授、王建平教授等；之后一直在为国内致力于专业发展的同行系统开展基于胜任力的督导模型培训。目前，基于胜任力的督导模型在国内得到广大专业人员的认可。

第二节　督导的定义和特征

一、督导的定义

督导，从字面意思讲就是监督和指导。督导的英文单词是 supervision，翻译过来也就是监督和管理。由于不同的历史文化背景，不同的专业人员受到自身理论学派训练及经验的影响，对督导的定义各有侧重。

洛根比尔（Loganbill）等人（引自 Bernard & Rod K. Goodyear，2005）将督导定义为“一种强烈的一对一的人际关系，在这种关系中一个人被指派来促进另一个人心理治疗专业能力的发展”。

洛根比尔（1982）进一步认为督导是一种密集的人际互动的一对一的关系，在这种关系中一个人被赋予的任务是促进另一个人心理咨询与治疗能力的发展。

上述两个定义提到了两个基本点：一是，督导是一种关系；二是，建立这种关系的目的是一个人来促进另一个人心理治疗能力的提升。但这两个定义似乎比较狭隘，只提到了一对一的关系，却忽视了团体督导，而团体督导是临床督导中常采用的一种督导形式。

弗兰德和谢弗兰斯科对临床督导的定义是：通过协作性的人际过程来进行教育和培训的特殊专业活动，督导活动通过观察、评估、反馈、知识传授、技术指导、示范等共同措施来解决受督者实践中遇到的问题，以及在对受督者的优势识别基础上增强受督者的自我效能。这一定义，明确了督导是一种特殊的专业干预活动，强调了督导关系是一种合作的、特殊的工作关系，并对督导工作任务做出了具体而明确的阐述。

美国心理学会（APA）将督导定义为：以提升受督者的专业实践技能、监督服务质量、保护公众利益、把守行业准入大门为目的的，持续一段时间的，基于包含促进与评价功能的合作关系的独特的专业实践（引自 Bernard & Goodyear，2021）。这一定义将督导的另一重要功能明确提出来，即督导是行业守门人。

伯纳德和古德伊尔（2009）认为：督导是由领域内资深成员为资历浅的成员提供的一种干预。这种关系具有评价性，需要持续一定的时间，并且需要对即将进入本专业的人员进行评价和严格把关。在这一过程中，督导要完成以下目标：（1）监督与评估资历浅的人员对来访者的服务质量；（2）提高资历浅的人员的专业能力；（3）以特定专业守门员的身份确定谁可以进入该领域。

古德伊尔及美国心理学会关于督导的定义，包含了谁有资格做督导、督导关系与过程、明确督导的任务与功能、明确督导是行业守门人、强调督导最终目的等多方面内容，因此已成为行业的共识。

根据上述不同学者及学会对督导的定义，下面对督导的定义进行梳理和更全面的解释。

二、督导与其他专业活动的区别

督导同教育培训、案例讨论、顾问指导、心理咨询与治疗、个人体验一样，都是旨在提升某种心理咨询或治疗能力的专业干预活动。但督导又不等同于教育培训、案例讨论、顾问指导、心理咨询与治疗或个人体验，是一种独特的专业干预活动。

（一）督导与教育培训的区别

督导的重要任务之一是传递知识，其功能就是教育；受督者也是以学习为目的参与督导的，扮演的也是一个学习角色。在这点上，督导与教育培训是相同的。督导与教育培训不同的是，教育培训有一套明确的课程体系，为每名学习者制定的教学培训目标是相同的；而督导目标是根据受督者及来访者的需要，督导师在督导过程中对受督者专业行为表现的观察、评估，发现受督者专业表现不足或专业领域有待提升的部分，由受督者与督导师共同协商确定和调整，以此作为督导任务导向来开展督导。从这点来看，培训目标对受训者来说是统一的，而督导目标对受督者来说是个体化的。也就是说，在督导总体目标框架下，不论团体督导还是个体督导，每一节督导都是根据受督者专业行为的呈现，由督导师对其具体专业行为进行评估、反馈、教育与指导，来达成督导目标的。

专栏

案例情景

受督者 A。来访者是因为孩子在做咨询，孩子咨询师建议来做个别心理咨询的。这个案例已经做了 10 次，但来访者后面几次常常迟到，并称不想来咨询了，抱怨咨询师没有咨询框架，自己没有得到咨询师的任何帮助，近一两次直接表达没有继续咨询的动力……

咨询师督导的问题：咨询师感觉被攻击，感觉很焦虑与无助。咨询师也感觉很困惑。尽管来访者多次抱怨没有得到任何帮助，不想来咨询了，但来访者还是每次按约来了，哪怕是迟到，而且坚持了 10 次。

受督者在完成个案报告后，将第 10 次咨询的逐字稿再次带来接受督导。第 10 次咨询开始对话如下：

咨询师：你好！

来访者：嗯，是谈孩子，还是谈我个人呢？

咨询师：你每次来咨询都问这个问题，你是想问如何与孩子更好相处吗？你想我能帮助到你孩子吗？还是你想让我替你去问你孩子的咨询师？

来访者：我真的没想到什么。我来之前都在想，我不想再咨询了，不咨询了。我说实话，我在你这里咨询的动机是，我相信咨询是有用的，我想通过咨询能自己帮助到孩子。可今天已经是第 10 次咨询了，我没得到什么，我找不到来咨询的动力。我不是说你不好、人家好，而是说我找不到你的教程是什么。跟孩子咨询师交谈的时候，那位咨询师会给我 10 分钟左右的时间谈孩子，她把情况了解后起码说了好几句——几句话就说到我们心坎上——并提供建议。我真的觉得应该来，但是我在你这里真的不知道做什么。

…………

督导师与受督者（咨询师）进行督导对话，部分对话如下：

督导师：你怎么理解来访者在这次咨询中主要表达的情绪？还有，

主要议题是什么？

咨询师：（沉默……停顿……）不满情绪。

督导师：在上次督导时，我们讨论过来访者咨询的目标、咨询协议或合同。在今天督导前，是否向来访者介绍过什么是心理咨询？与来访者讨论咨询目标或协议了吗？

咨询师：没有。来访者已经请假几次没有来，说没有咨询动力。

督导师：请你再读来访者的第一句话，边读边思考，来访者究竟在表达什么？

咨询师：（沉默……）

督导师：听起来，来访者不知道自己为什么被转介来你这儿做咨询。或许来的目的是了解如何与孩子相处，或学习与孩子相处的方法。又或许来访者也不清楚自己来干什么。

咨询师：嗯。

督导师：你做过首次访谈吗？你们咨询前是否签过咨询协议？

咨询师：没有签过咨询协议。

督导师：你的回答很诚实，这对咨询师来说是很重要的品质。你也很勇敢。

然后，督导师说明了首访目的，介绍了首次访谈内容，明确了首次访谈非常重要……最后强调在首访结束前必须要问来访者一个问题："你愿意接受咨询吗？"这是在表达对来访者的尊重，也将来访者带入咨询过程中，让来访者明确并承担自己在咨询过程中的责任。

从这一督导案例可知，督导师结合受督者案例报告及逐字稿对话，观察发现困扰受督者的问题是受督者没有进行首访，没有澄清来访者是谁、来访者来咨询的目的，没有介绍心理咨询是什么等基本信息。受督者对首次访谈知识认识不足或忽视，可能将前来咨询的人自然而然地认为是来访者。在受督者没有明确来访者是谁、来访者的目标是什么的情况下，双方带着各自的目标，而不是围绕同一目标展开工作，可想而知，这样的咨询过程如何能推进？来访者感觉非常困惑与苦恼，受督者感觉被攻击与无助。从这一督导案例我们可以看到，在督导师观察、发现并理解困扰受督者的问题关键所在后，督导师便向受督者介绍和明确首次访谈的作用和重要性。由此，我们可以看到督导是更加个体化的教育培训。

（二）督导与训练的区别

训练是督导过程必不可少的组成部分，比如，督导师做示范，或督导师与受督者进行角色扮演、督导师布置“共情”回应的行为练习等。督导师通过监督与反馈来训练受督者的行为，而训练通常有正规的训练课程，要遵循预先制定的特定程序，而且主要聚焦于某些专门技巧。

（三）督导与咨询/治疗的区别

督导师不做心理咨询与治疗。但督导师所面临的挑战是，受督者会因来访者或者咨询治疗工作而产生各种情绪、反应。督导师在督导过程中要帮助受督者觉察他们因为来访者的情绪、行为或想法引发自己的反应或反移情，同时，还要帮助受督者辨别自己的反移情是对于来访者的行为的反应，还是来访者的行为或情绪引发了自己既往有过的或熟悉的情绪体验。

如果是前者，就可能是对来访者反应的反应；如果是后者，可能涉及自己个人议题。如果受督者的反应影响或阻碍了他们针对来访者开展的工作，那么，督导师需要对受督者开展一定的干预工作。比如，受督者在面对一名有自杀倾向的来访者时，自己作为一名新手咨询师或从业不久的咨询师，从来没有遇到过来访者如此情绪激烈与不稳定甚至危急的情况，为此感觉非常困惑、无助、无力、焦虑；督导师体会到了受督者的焦虑、无助并反馈给受督者，同时要教给受督者对有风险的来访者如何评估以及具体的危机干预介入方法。督导师督导工作的重点是聚焦受督者个人情绪对实务工作的影响。即使督导师明确是受督者个人问题，督导师也不是转换成咨询师角色为受督者提供心理咨询，而是明确向受督者建议去进行个人体验，解决自己个人心理问题。Ladany Lehrman-Waterman，Molinaro & Wokkgast（1990），以及 Neufeldt & Nelson（1999）等特别提醒：“为受督者提供更广泛的咨询或治疗目标，从职业道德上讲是不正当的”（Bernard & Goodyear，2005）。

（四）督导与顾问的区别

督导同样不可避免地会有顾问的成分。所谓顾问，就是提供信息、建议。但顾问是没有评价的，不要求有反馈，仅是单向给予建议，也不关注结果，是一次性事件。而督导是有设置的，需要持续评估与反馈，而且是一个长期的过程，不仅为受督者提供新的解决临床问题的方法或策略，更关注督导后结果，即督导师会持续关注受督者专业知识与技能是否有改进和提高，关注受督者临床专业技能是否提升。

（五）督导与个案讨论的区别

个案讨论多是由某位咨询师或治疗师带来一个临床个案；团体有名组织者，组织参与者集中于个案本身进行讨论，而不关注提供个案的咨询师或治疗师是如何工作的。例如，对于一个强迫症的个案，讨论会集中在如何对个案进行诊断评估，以及不同的流派方法如何对强迫症进行心理干预，比如认知行为疗法的干预方法、心理动力学的干预方法等。参与讨论的成员可以各抒己见。虽然提供个案的咨询师或治疗师也会参与讨论，但讨论的目标不是提升这位咨询师或治疗师的专业胜任力，而是加深大家对个案本身的理解，为此还会有围绕相关议题的讨论。

（六）督导与个人体验的区别

督导目标及过程都聚焦于受督者的专业知识与技能成长。而个人体验主要是对咨询师或治疗师个人成长中的问题进行探讨，是针对咨询师或治疗师的咨询或治疗。

三、督导的特征

（一）督导需要对受督者进行评估

从弗兰德和谢弗兰斯科、伯纳德和古德伊尔、美国心理学会对督导所做的定义中，可以看到“对受督者监督和评估”的文字描述。监督与评估是督导与心理咨询和治疗最显著的区别，评估也代表了督导的一个突出特征。尽管评估在督导中占据很重要的地位，但评估过程无论是对于督导师还是对于受督者都会带来一些不愉快、不舒服甚至令人回避。这是因为，不带伤害的评估技能非常复杂，人性本质上是不愿意被否定的。

事实上，在日常生活及工作中，大多数人会习惯性采用社会标准来评价别人行为的对与错。对督导师来说，督导师首先是普通人，然后才是咨询师、治疗师或督导师。在既往专业培训教育中，可能督导师也在被督导过程中有过被矫正评估行为的经历，已逐渐养成非评判职业态度和技能，甚至有些人正是因为这种非评判特征而被吸引到这个领域里。因此，督导评估角色对督导师来说是全新的、需要转换的、不舒服的，也是需要适应的。

对受督者来说，他们知道督导是获得专业技能提升必不可少的途径，也知道督导评估能帮助矫正自己的专业行为；但对于将自己的专业能力暴露给资深的专业人员——如果是团体督导，将暴露在更多同辈组员面前——尤其是在不主动的情况下暴露，他们还是焦虑的、不舒服的。受督者不但要尊重和遵从督导师的建议，同时内心对督导师也是害怕的。

此外，督导的评估功能还有一个重要作用：评估给受督者施予的外在压力可能会转化为受督者内在的动力，这种动力会推动受督者自己更加努力去改变、矫正和提高。

（二）督导是在同一专业人员群体中进行的

督导定义中明确了督导是高资历的专业人员为专业内初级人员或下级人员提供的一种干预，参与督导的人员都来自同一专业领域，这是督导过程的基本特征。艾克斯坦（Eckstein）和沃勒斯坦（Wallerstein）在谈到这点时说："一个培训教程也许可以使得受督者掌握所有心理治疗的基本技能，但却未必能达到我们期许的目的。仅有知识与技能的获得是远远不够的，心理治疗师所缺乏的是一种使其成为一名真正专业人员特有的品质，即我们所称的专业认同感"（Bernard & Goodyear，2005）。

在咨询师或治疗师的角色专业化过程中，督导具有榜样的作用。这是因为：一方面，督导的任务之一是促进受督者对本专业的价值及职业产生认同感；另一方面，督导师在督导过程中所呈现的专业态度、价值感，无疑会对受督者产生潜移默化的典范作用，这是督导具有的专业化功能，因为任何一种专业都有其自身独特的方面，每一种专业都有区别于其他专业的典型特征。

如果督导师和受督者来自不同流派领域，比如，督导师是心理动力治疗取向，而受督者是认知行为取向，那么，受督者是否能受益？答案同样是肯定的。这是因为，对于专业初级人员或下级人员，他们正处在建立专业认同感阶段，而专业认同感获得的最佳途径就是与专业领域资深的、优秀的人员互动或建立联系，这样是更直观的学习方式。而且咨询与治疗起效的主要是共同因素，并不只是某一流派的技术与方法；共同因素往往是受督者遇到困境时面临的根本问题，这对于任何一个流派领域的督导师都应该是能够提供督导服务的领域。

（三）督导是一个长期的过程

督导是一个持续一定时间的干预过程，即使出于功利性目的获得了专业资格认证所需要的督导的时数，也需要持续的督导。这也是督导的一个特征。

长期职业角色是后天习得的，而习得的职业行为是要经过长期不断获得相应信息反馈才能逐渐修正、调整、确立的职业行为，而这种职业行为的养成需要与督导师建立长期建议关系，因为督导师的重要任务就是给予受督者观察、监督、评估和反馈服务，持续的督导是不断提升胜任力的重要途径。这也说明心理咨询与治疗专业人员需要经过系统、规范的学历教育培养。在培养方案中有明确的实习学分要求，而没有督导的实习不能称为实习，或者说实习必须是督导下的实习。从比较成熟的欧美学历教育来看，实习一般要求达到几百小时甚至上千小时，并在持续督导下进行。

专栏

督导师问与答

问：督导师除了是具有丰富经验的咨询师外，还应具备什么样的知识和能力？

答：还应具备督导相关理论和技能，而督导理论和技能是需要经过系统培训才能获得的。

问：目前，我国注册督导师需要国家专业机构认证吗？哪家机构在开展督导师认证工作呢？

答：目前，国内规范的认证机构是中国心理学会临床与咨询心理学专业机构和专业人员注册系统，可以在其官网查询申请认证的基本条件。网址是 http：//www.chinacpb.net。

第三节 督导的必要性

心理咨询与治疗是一种特殊的助人职业。为了保障来访者的利益和身心健康，以及维护公众利益和行业形象，咨询师或治疗师不仅要具备必需的专业知识和技能，还必须恪守职业道德，这样才能保证所提供的专业服务质量和技术水平，而这些方面都需要通过临床督导来予以保障。督导的必要性体现在如下几个方面。

一、督导是受督者提供专业服务的保障

心理咨询与治疗服务的对象是一个特殊的群体，这个群体的人在寻求心理帮助时正处于人生至暗时刻，他们内心正经历煎熬、承受痛苦、陷入脆弱无助状态，甚至正在生死边缘挣扎；他们内心又极其矛盾和充满冲突，既渴望得到帮助，又惧怕内心伤口暴露而自己无法面对与承受；同时，他们的问题又是各种各样的，即使是同一个来访者的临床表现或心理活动也是非常复杂多变的。因此，对于这个特殊的群体理应加倍爱护，专业人员应尽最大的努力去保护他们和提供最有效的专业服务。但专业人员是一个人。作为一个人，其经历、经验及知识与技能是有局限性的，尤其是新手咨询师。如果专业人员不能提供有效的专业知识与技能的服务，或不能恪守专业伦理与道德，不仅不能为来访者提供帮助，反而可能对来访

者造成伤害。

大多数咨询师或治疗师，即使接受过系统的专业知识培训，在面对真实案例情景时、面对来访者各种问题同时出现时，往往也会颇费一番工夫。尽管此时课堂上老师讲授的咨询理论和方法在大脑里呈现，但从哪儿入手，怎么工作，哪些问题更优先，咨询师如何整合信息理解来访者和实施心理干预，如何将理论与来访者的具体问题进行关联，等等，面对这些问题，咨询师或治疗师尤其是从业不久、临床实操经验缺乏的新手，陷入焦虑困惑状态是很常见的，也是正常的情况。咨询伦理总则第一条是“行善”，即专业人员应尽最大的努力去保护来访者并提供最有效的专业服务，避免或减少伤害。那么，咨询师或治疗师如何才能做到“行善”呢？如何保障来访者的利益呢？正如卡尔·罗杰斯所说，“督导成了治疗性面谈的一种修正形式”。督导就是专业人员工作背后最有力的技术和情感支持。督导师不是直接干预和治疗来访者，而是通过督导提升受督者专业胜任力，帮助受督者处理好内心冲突，然后，受督者才能带着在督导过程中获得的新知识和新技能去有效帮助到来访者。因此，督导是协助受督者形成专业技能必不可少的途径。

二、督导是维持职业标准最重要的途径

心理健康服务专业工作有赖于特定的知识系统，且复杂、涉及内容很广泛。这个系统涵盖专业理论知识和实践操作技能两个领域，这两个领域的知识有各自的不同价值，同时又是相互补充的。专业人员在专业理论知识框架指导下开展专业工作，但意识层面的专业理论知识要转化成专业行为或技能，必须经历临床实践和临床督导。

心理咨询与治疗又是一项专业技术操作性非常强的工作，如同外科医生在患者身上做手术一样：医生不是在课堂上学到某一疾病的治疗程序，就能够在患者身上做手术的，如果这样将会给患者带来巨大的风险，甚至造成很大的危害，这也是医学伦理所不允许的。从课堂理论学习，到临床见习观摩，到靠近主刀医生近距离观察手术过程和给主刀医生做助手、协助主刀医生的辅助工作，再到在老师现场监督指导下开始做手术，在老师反复确认某一疾病手术技能熟练掌握之后，才能独立针对这一疾病上台做手

术。这一将课堂抽象知识转化为临床操作行为和形成技能的过程，至少需要1年时间；即使能上台独立做手术，也是从最简单的小手术开始（手术根据其复杂难度分为几级，不同职级的医生按手术分级做不同级别的手术；难度更大的手术，需要更长时间的实践与老师的指导反馈）。因此，像外科医生形成临床手术技能一样，临床实践和临床督导是咨询师和治疗师获得职业经验知识与技能的必经途径。

临床督导就为受督者搭建了一座跨越“巨大理论—实际鸿沟”的桥梁，为受督者提供了一个知识的“熔炉”，通过督导这一过程使受督者将课堂上学到的理论知识和在临床督导过程中学到的知识与经验进行整合，从而形成自己的工作知识。

专栏

案例情景

一名受督者B最近遇到一名在医院被诊断为处于抑郁状态的来访者。来访者在每次咨询中总是不停地诉说，而且每次咨询都要拖延10～20分钟。咨询师开始能够认真地倾听，即使时间延长，也感觉打断来访者的诉说会给来访者带来受挫感，因此总给来访者自由表达的时间和空间，节制自己表达的欲望。但在7次咨询之后，咨询师在近2～3次咨询时间结束前2～3分钟时会提醒来访者：“咨询时间快到了，我理解你想继续表达，下次我会提供时间让你继续讲。”但来访者却无视咨询师提醒，继续说上20分钟左右才停下来。

督导工作思路

从以胜任力为基础的督导取向来看，督导师在接待想接受督导的专业人员时，需要先对专业人员的胜任力进行评估，从胜任力的不同角度考察专业人员的专业水平。例如，从此受督者提供的咨询工作情况看，他可能在专业知识、评估与概念化、确立关系及会谈技巧、转诊等方面的基础均有不足。督导师在督导过程中，需要分阶段、有重点地帮助受督者提升其专业胜任力。

利文森（Lewenson）观察到在他自己平时作为一名治疗师工作的过程中，他有相当一部分时间处于困惑、迷茫和烦躁状态，就像“在茫茫大海上找不到方向”一样，但是当自己督导别人的时候，所有一切都变得十分清晰起来。他分析说，督导师只是一名旁观者；与治疗师相比，督导师有更多时间和空间，可以从一个更有利的角度审视整个治疗过程，因此，督导师容易产生一种清晰感。督导师的这种清晰感就可以为受督者提供所需要的专业知识扩张和技能形成的评价与反馈。

此外，任何技能的获得都需要反馈。比如学习开车，除了教练反馈外，如果自己方向盘打得过猛，车子转弯过快、弧度过大，那么车子动态信息本身就会给你一个反馈，这类反馈会成为调整自己开车行为并形成自己开车技能的信息。而心理咨询与治疗技能不同于开车这样简单的技能。临床督导给受督的咨询师提供的是一种有目的的、明确的反馈，通过督导过程提供系统的反馈和指导教育，才不至于使受督者误入歧途而不自知。因此，从本质上来看，督导过程就是一个观察、纠偏，在错误中亡羊补牢、纠错式的学习过程。在督导的反馈与指导下，受督者一次一次地、一点一点地将专业知识积累在实际从业的背景下转化成临床实践的技能，并在整合原有知识与技能的过程中逐渐提升自己的专业胜任力。所以，临床督导是咨询师技能发展的最基本的因素，是咨询师获得专业成长与发展的另一种学习必需途径。临床督导是咨询师提供专业服务质量和水平的保障，也是维持职业标准最重要的途径。研究结果证明，如果不接受临床督导，即使从事咨询的经历增加，也不能有效提高受督者的临床工作水平（Bernard & Goodyear，2005）。

三、督导是专业能力认证及职业认同的需要

心理咨询和治疗是一种提供专业服务的特殊行业，很多国家为心理咨询师和治疗师专业认证设置了具体标准，并设立专门的机构来管理。比如，美国各州的州管理委员会是这一行业的专业认证和颁证机构。专业认证机构对新入行的咨询师和治疗师除了有学历教育、临床实践时数的明确规定及考试合格要求外，还明确规定了需要提供与经过有效认证的督导师面对面进行个体督导和团队督导的时数。比如，在美国，不同的州对督导时

数要求不同，一般在100～200小时，包括个体督导、团体督导；一些独立的专业认证机构，比如美国婚姻与家庭治疗协会，要求夫妻或婚姻治疗师提供督导时数。在我国，中国心理学会临床心理学注册工作委员会对申请加入注册系统的申请者规定了需达到的督导时数。比如，助理心理师接受有效注册督导师个体督导和团队督导不少于100小时，其中个体督导不少于30小时；注册心理师接受有效注册督导师个体督导和团队督导不少于100小时，其中个体督导不少于50小时；等等。因此，新人入行的一个基本条件是达到认证机构要求的督导时数，这是其进入行业、成为一名专业人员的职业身份的标志。

此外，并不是在获得专业资格认证后就不需要再接受督导了，督导是心理健康服务职业生涯里持续的专业活动。持续不是指一直持续不断，而是指间断的持续，即过段时间就需要参加督导，原因很简单：心理健康服务面对的服务对象是处于各种不同境遇状态的人，即使是一位非常有经验的咨询师或治疗师，也不可能了解、理解和应对各种不同的状况及所有来访者，因为人是非常复杂的。因此，即使是处于职业最高职级的督导师，也是需要被督导的。在国外和我国注册标准中，也有明确的规定：经过认证注册的专业人员每隔3年需要提交达到一定督导时数的证明，才能更新认证和注册，否则被视为放弃认证资格。只有持续督导，才是咨询师能够持续保持与提升专业胜任力、不断完善自我、保持行业竞争力的必要途径。

四、督导是专业人员职业发展的必然归属

督导师一般来讲是心理健康服务行业中的最高职级者，大多数心理健康工作者可能最终都会从事督导工作。督导成为职业训练中必不可少的一个重要方面。

督导师并不是一位资深的、经验丰富的咨询师或治疗师自然而然的结果，但这些是成为督导师的重要前提条件之一。督导与咨询的区别就在于督导有一套自成体系的理论和技能，其有别于咨询理论和技能。比如，咨询师关注的是来访者以及来访者的行为、想法、情绪，而督导师聚焦的是受督者对来访者行为、想法、认知等如何理解、作何回应。咨询师在咨询过程中被要求保持中立，不予评判；而督导师需要传递和亮出本专业的价

值观，如果受督者出现偏离行为，比如，出现伦理问题，督导师必须及时、明确指出并予以纠正。督导关系中是明确有等级的，受督者需要遵从督导建议；而在咨询过程中，咨询师是不提或很少提建议的，并要求尊重来访者的选择。此外，督导师在督导过程中比咨询师更有自主权，等等。这些都显示出督导在基本理念、态度及过程等多个方面不同于咨询或治疗过程。因此，想成为督导师是需要经过专门培训与学习的。

美国心理学会规定，督导从业执照申请者需要具备三个基本条件：一是申请者作为督导师的资格和水平，反映了其临床咨询和治疗从业经验；二是申请者在职业活动中督导临床实践的比例，即累计实习督导案例数量；三是申请者作为受督者被督导案例时数。在我国，中国心理学会临床与咨询心理学专业机构和专业人员注册系统对注册督导师申请者在以上几个方面也有明确的规定。

除了认证机构规定的督导数量和条件外，通常认证机构会将督导师头衔授予一些高级从业人员，并明确这些人在保证公众利益至上方面的能力水平。

从职业发展来看，督导师像是心理健康服务行业发展过程中的专业技术的“高级职称”，就像教师行业里的副教授、教授，医疗行业里的副主任医师、主任医师一样。作为职场的专业人员，必然会将督导师纳入自己的职业发展规划中，最终成为督导师，这也是行业专业人员的职业价值感和归属感所在。

专栏

督导师问与答

问：在成为督导师后，是不是就可以不接受督导了？

答：不是。仍然需要接受间断的持续的督导。原因很简单，我们接待的来访者是各式各样的，问题也是各式各样的，而心理世界是非常复杂的，即使你督导临床经验非常丰富、见多识广，你也会遇到自己无法理解的来访者，因此，需要接受督导以补充或扩充自己的专业知识。

第四节　督导的功能和任务及督导师的条件

在督导定义中，对督导功能和任务做了简洁而明确的阐述。督导是一种复杂的干预性的专业活动，那么，哪些人才能胜任这项复杂而责任重大的工作？督导的功能是什么？督导过程中，督导师要完成哪些任务？下面，我们分别就督导的功能和任务、督导师的条件进行更详细的阐述。

一、督导的功能和任务

（一）督导的功能

督导的功能主要有以下三个方面：

1. 保护来访者的利益，保护公众利益

心理咨询自身的知识体系抽象而复杂，心理咨询过程非常复杂，而人的问题又非常复杂，加上咨询师个人经验、知识的局限，使得咨询师在处理疑难个案时，需要得到有经验的督导师的协助。督导是通过观察、评估、反馈、纠偏、协助修正来减少受督者无意识的不恰当的专业行为，以增加咨询师对来访者的有效帮助，减少甚至避免在咨询过程中可能无意识间对来访者造成伤害。督导就像给咨询师上了一道保险一样。比如，像受督者 A 的案例一样，督导师发现受督者未按规范程序开展咨询，给来访者带来更大的困惑和烦恼，来访者一直在忍受咨询师咨询目标不清晰甚至有些混乱的压力和煎熬，督导师及时发现、及时明确反馈，并及时给予指导，减少甚至避免了咨询师无意识间给来访者造成的伤害。

2. 专业守门人（把关）

督导是咨询师专业成长不可缺少的学习途径。督导的首要任务是对受督者的专业表现进行监控与评估。监控对象包括受督者的专业知识与技能、专业态度以及法律道德伦理三方面。同时，要对受督者的专业能力做出评估。尽管有些受督者接受过专业系统的培训，但其在实践工作中仍表现出专业能力严重不足或功能缺损，经过再培训、再学习后，专业能力仍然达不到最低胜任力水平，或者受督者存在明显的道德伦理问题，在这种情况下，督导师有责任向受督者明确说明其不适宜本职业并劝其转行，或明确将两方面问题写入结论性评估报告中。督导师被赋予这一责任，就发挥了守门人的功能，其作用就是限制不合格的专业人员进入本行业，避免对来访者造成伤害，同时也维护了本行业的专业性，保护了公众的利益。

3. 促进咨询师专业胜任力发展

督导既是专业理论知识学习的延续和扩展途径，也是专业技能形成的关键环节。督导师在督导过程中观察受督者的专业表现，需要向受督者反馈“知道自己不知道的”，即针对受督者陷入困惑不解时的原因进行分析与解释，并给予指导，协助受督者学习新的知识点；也需要向受督者反馈“知道自己已经知道的”，即给予受督者某些行为认可和鼓励，强化受督者已建立的适宜的专业行为，提升受督者的专业信心；同时还需要向受督者反馈“不知道自己不知道的”，即向受督者提供他自己既往没有学习到或忽视的知识点，补充和扩展受督者知识点与面；此外，还会向受督者指出“不知道自己已经知道的”，也就是说，受督者采取了一些有助于帮助来访者的行为，但自己并未觉察，督导师明确的反馈为受督者提供了情感支持，这对帮助受督者树立专业信心非常有用。调查结果显示，大部分从业者反馈，督导比课堂理论学习在获得专业知识方面更有效。

（二）督导的任务

督导的任务主要有以下五个：

1. 明确受督者需要，与受督者协商制定督导目标

不同受督者的督导需要是不同的，因此，首先要了解受督者具体的督导需要。比如，需要指导如何建立治疗联盟，希望提升自己的共情的质量，渴望提升个案概念化能力，等等。这些需要应在督导协议中予以明确，协议是未来督导工作的基本框架、督导任务的向导。

2. 观察、监督、评估、反馈

观察、监督受督者在接待来访者过程中的专业表现，并给出持续评估与反馈。评估是督导不同于咨询的突出特征。评估分为过程评估和总结性评估。过程评估也称为发展性评估，主要方式是在督导过程中，督导师以

言语与受督者讨论和分享，督导师观察发现受督者呈现恰当和不恰当的专业表现时及时反馈，比如，对于受督者做得好的、到位的地方给予肯定与支持；对于受督者处理或应对不当的地方，提出让受督者可以反思或思考的问题，或直接指出不恰当之处并给予相应的指导或建设性的建议。总结性评估是在某个督导阶段结束时对受督者专业能力做出总结性描述。总结性评估并不意味着最后的评估，应该看成阶段性评估，可以以此为基础制定后续督导计划。

3. 传授知识及提供技术指导

当督导师发现受督者某方面专业知识不足，或者理解有偏差或有误，或者技术运用不当时，督导师转换成教师和教练的角色，及时传授正确的知识，向受督者提出积极的、建设性的建议，比如，解读某专业概念，建议阅读哪些书籍与文献，借助示范、角色扮演训练受督者某种技能，等等，并持续反馈改进情况。

4. 促进受督者自我评估与自我效能提升

帮助受督者进行自我评估和提升自我效能也是督导的任务。卡杜希恩（Kadushin）指出，督导评价与反馈在本质上就是让受督者能够更清楚地认识到评价与反馈本身就是一种经验式的学习，同时帮助受督者建立一种自我评价的模式。自我效能是指咨询师能够对自己应对咨询情境的能力做出判断，所以，鼓励受督者自我反思和自我评估，能提升受督者自我专业觉察能力及自我效能，并结合督导持续评估和自我反思不断改变、修正、塑造受督者的专业行为。

5. 识别受督者的焦虑与自我修复

协助受督者觉察对来访者开展工作过程中产生的焦虑或反移情，并协助其修复；如果发现受督者的反移情与自己个人议题相关，建议受督者进行个人体验。

二、督导师的条件

一名拥有较丰富的经验的咨询师或治疗师并不自然就可以成为督导师。成为一名有胜任力的督导师需要具备以下条件：

1. 有专业教育及培训的背景

完成了心理学、医学、教育学、社会学等相关专业的学历教育学习，参加了心理咨询与治疗系统学习，至少接受过某一心理治疗流派的系统培训。

2. 有丰富的实践咨询经验

专职从事心理咨询与治疗工作多年，积累了比较丰富的临床实践经验，是已获得认证机构认证的注册心理咨询师或治疗师。

有督导理论知识和督导实践经历与经验，参加过督导理论系统培训，在临床工作中开展过一定比例的临床督导工作，接受过有效注册督导师督导案例的培训，并达到认证机构的督导时数要求。

3. 能与不同性格的学习者相处

督导像咨询一样会遇到各种不同的人。比如，受督者拥有不同的专业背景，有的是刚毕业的学生，有的是有一定从业经验的专业人员，他们处于不同的专业发展阶段，专业知识与技能差异大；性格特征也各式各样，比如，开放健谈型的、安静倾听型的、好争辩的、顺从的、控制欲强的、依赖性强的等。尽管督导准备阶段要求督导师与受督者彼此有基本信息的了解，而且进入督导是彼此双选的结果，但这只是基本专业背景信息，督导师对于受督者的性格及成长背景知之甚少，受督者对督导师的性格同样不了解，那么，在督导互动过程中双方自然暴露出自身个性特征。因为督导这一特殊关系的性质，就要求督导师是一个包容性强、灵活且有弹性、对人真诚、信任他人、沟通能力强的人，能与不同性格的人相处，这样才能与不同受督者建立和维持一段比较长时间的、保持开放的、能持续互动的、稳定的工作关系。

4. 有教学的意愿、热情和能力

在督导的定义中，我们看到督导师的一项重要任务就是传授心理咨询或治疗所必备的知识，这是督导师必须履行的职责。正如一名优秀运动员不一定能成为好的教练一样，如果没有教学的能力，是无法胜任这一工作的；如果没有培养学生的意愿和热情，是无法持续与受督者建立和保持持续工作关系的，因为这一关系需要督导师保持更大的耐心和平稳的心态。

5. 有成熟的人格和进取的人生态度

在古德伊尔对督导的定义中，明确了督导“是本领域的资深人员对资历浅……”，这个“资深”意味着督导师有较长的从业时间及丰富的经验，同时也意味着督导师自身人生阅历丰富、心理健康以及自我处于比较成熟的水平。督导是一项复杂的专业干预工作，面对的都是受督者感觉棘手、处于困境、无法应对的个案，如果没有强大的专业能力和健康心态做基础，督导师同样会像受督者一样陷入两难困境，同样无法胜任。比如，督导过程中，需要同时关注三个人：来访者、受督者及自己；三种关系：来访者与受督者的关系，受督者与督导师的关系，还有督导师与来访者的关系，以及三个人的各种行为表现等。因此，督导任务很复杂。如果没有不断进取的学习态度和成熟的人格作支撑，是难以胜任督导这一复杂而艰巨的工作的。

有胜任力的督导师还应具备有效心理师的专业知识与技能，具备有效督导师的专业知识与技能，能够建立良好的督导同盟关系，有良好的人格特质，尊重个别差异，遵守咨询与督导伦理守则和法规，了解咨询与督导的研究，愿意持续进修。

第五节　督导的方式与形式

督导的方式与形式，是督导干预的具体实施方法，也是影响督导效果的一个主要变量。本书主要介绍目前常见的四种督导方式。

一、督导的方式

督导按人数分为个体督导和团体督导，按空间分为地面督导和线上督导，按时间分为现场督导和滞后督导。下面分别介绍不同督导方式的优势与局限。

（一）个体督导

个体督导是一对一的督导，是专业训练的基础。个体督导是督导的始祖，一直被认为是职业发展的基石，是目前最常采用的一种督导形式；即使一些受督者参与团体督导及其他形式的督导，事实上他们也都体验过个体督导。

个体督导的优势：

- 针对性强。在个体督导中，督导师和受督者对受督者呈现和提出的具体督导问题有时间深入仔细讨论。
- 比较系统。在个体督导中，督导师和受督者对受督者呈现出来的专业上的不同问题、困境、困惑可以逐一展开讨论，引导思考，获得反馈。这一督导过程让受督者有更多机会展示与学习，从一点一滴的讨论、反馈中体验学习，从而形成有效的专业技能。

个体督导的局限：

- 专业督导匮乏。尤其在我国目前行业发展背景下，能进行个体督导的督导师不多。
- 受督者对督导师可能产生依赖。
- 与团体督导相比，缺少同行其他人的反馈。

（二）团体督导

团体督导是指由 1～2 名督导师带领，通常 5～8 人或 6～12 人组成团体。一名组员汇报案例及提出督导问题，众人采取团体讨论与分享方式，督导师观察案例讨论过程中受督者及其他组员的专业表现，从组员相互作用过程中得到反馈，从中加以引导，传授、提供相应专业知识，以达成督导的目标。

团体督导的优势：

- 时间、金钱和专业人员的经济性。相比个体督导，在同一时间里，团体督导的受督者人数更多。
- 减轻受督者等级压力感，因为受督者不再是一个人持续面对督导师。
- 减轻受督者对督导师的依赖性，其督导过程案例表明受督者可以得到更多组员分享的专业经验、得到更多的人对自己的有效反馈，而不只是来自督导师的。
- 替代性学习。当受督者提出某一问题时，其他组员可能也对同样的问题存有疑问与不解，这为其他组员提供了一个学习机会。

- 受督者获得更多数量和多样性的反馈。针对同一问题，组员们可能有不同的视角，会提出不同的观点或分享不同的经验，让受督者实现更全面的综合了解。
- 组员们有机会了解更广范围的不同来访者。组员们来自不同的机构，比如，有来自医疗机构的，有来自学校机构的，有私人执业者，等等。大家所遇到的案例各有侧重，在一起交流有机会了解不同类型的案例。

团体督导的局限：

- 案例报告中，受督者可能得不到自己所需要的，因为督导师要顾及其他组员的需要，并且还有时间限制。
- 控制欲强的组员可能占有更多督导时间和资源，挤占其他组员的受督机会。
- 保密问题面临的挑战更大。
- 某些团体现象可能会阻碍学习，主要表现为组员之间存在潜在的竞争，如果没有被觉察，会给督导带来负面影响。

团体督导不是个体督导的补充，同样是常用督导方式。个体督导与团体督导可以互补。

目前，国内外关于团体督导人数出现一种新的形式，即团体督导人数上限可至 40 人。也有特殊形式，即组员可分为内圈与外圈，内圈组员报告案例，获得案例督导，内圈其他组员参与讨论和分享，外圈组员的主要任务是观摩督导、旁听学习，这是近年来团体督导形式新的尝试，对于缺乏督导师的国内咨询师来说是一个获得学习的机会，但效果如何还有待进一步研究。

（三）现场督导

现场督导是指督导师通过单面镜、录像机、摄像头、电脑等直接观察受督者与来访者真实互动的过程，或利用电话、对讲机，或亲自进入咨询室内，或邀请受督者到单面镜后进行讨论等，向受督者提供及时的指示，从而对咨询及治疗过程做出引导，促进咨询面谈的成效。

现场督导是最有效的训练及学习模式，由于督导师及时介入，纠正错误、指引方向，可使工作事半功倍。由于督导师能直接观察到咨询过程，可避免由咨询师口述或笔录所导致的疏漏，可以做到训练、咨询和检讨三者有机结合。现场督导的方法能更有效地增强新手咨询师的学习动机，可避免因知识、技巧不足而影响服务质量，既保护来访者的权利，又有助于受督者的专业成长。现场督导对督导师要求高，需要督导师有快速思考的能力、与受督者有良好的合作关系、有足够的经验处理实际问题等。

现场督导的优势：

- 不是硬性地插入与打断咨询，而是对受督者行为进行很小的调整。督导师通过强化现场指导达到改善受督者行为的目的。
- 出现紧急情况时，督导师可以直接给予干预，减少对来访者的伤害。

现场督导的局限：

- 受督者压力大，会出现焦虑，担心自己做不好被批评，怕在督导师面前暴露弱点而影响评价等。因此，选择现场督导需要督导师和受督者双方有充分的信任。
- 出现“回声治疗”的局面，即督导师说什么就做什么，受督者没有时间思考，从而助长了受督者的依赖性。

（四）远程督导

远程督导指督导师以发电子邮件、即时通信和视频会议等现代通信方式进行的督导，也称为线上督导。

远程督导的优势：

- 节省时间。
- 可以更有弹性地安排和有效使用督导时间。
- 有助于促进受督者去服务偏远地区的需求者。

远程督导的局限：

- 只能通过有限的非言语线索进行，会存在沟通和评估的误差，影响评估准确性。
- 对专业保密而言有风险。
- 通信设备需要技术和经济的保证，否则影响督导过程顺畅。

二、督导的形式

随着科学技术的发展，督导的各种技术、方法以及程式都处于发展过程中。目前，督导形式有自我报告、过程记录与案例记录、录音、录像，以及人际互动过程回顾、反省过程等。下面介绍最常用的督导形式。

（一）自我报告

自我报告是一种常用的督导形式，也被视为一种最有价值的反思性学习的方式。自我报告内容包括来访者基本信息，来访者主要行为、认知、情绪、生理等表现及成长史，咨询的目标及采取的干预方法，以及通过对来访者的个案概念化等梳理整理成的书面和口头报告。督导师可以通过自我报告，观察到受督者是如何运用专业理论去理解来访者的、怎么确立咨询目标的、怎样进行干预的等。通过受督者的自我报告，督导师可以对受督者的专业思维及水平形成评估与反馈。

优势：

- 督导师可以对受督者专业知识层面及水平形成一种比较整体的认识。
- 督导师可以在个案概念化能力和个人知识层面进行精细的调整。

不足与局限：

- 案例信息真实可信程度存疑。受督者的案例报告是自己对咨询材料的整理。因为担心暴露自己的不足，哪怕是出于无意识的担心，受督者也可能对报告材料进行修正，从而失去受督者对案例理解、干预、应对的真实性呈现，而督导是基于受督者报告的理解，因此，督导师对案例的理解可能出现被误导的情况。
- 因为督导师没有直接观察过来访者，对案例信息的推论来源于受督者的自我报告，所以督导师不能独立判断。坎贝尔研究发现，在自我报告中，50%以上非常严重的问题在督导过程中没有报告，50%以上自我报告的内容存在不同程度的歪曲变形（引自 Bernard & Goodyear，2005）。

（二）过程记录与案例记录

过程记录包括治疗会谈中的内容记录、治疗师与来访者的互动过程记录（比如逐字稿），以及治疗师对来访者的感受、干预方式等的记录。由此可见，过程记录比较详细，涉及范围广。案例记录也包括咨询过程中所有重要信息的记录。督导师通过记录，可以对受督者治疗过程的程序、运用的理论、干预方法、建立治疗联盟关系有一个比较全面的了解，可以借助某个方面做出反馈。比如，督导师可以协助受督者将理论与个案概念化或采取干预方法进行连接，通过反馈与引导受督者反思来达成督导目标。

优势：

- 对受督者专业知识的运用有一个比较全面的认识。
- 对受督者专业水平处于什么发展阶段有明确的依据。
- 重新查看过程记录和案例记录是一个学习过程。

不足与局限：

- 记录过程需要耗费很多时间与精力。

（三）录音

受督者借助录音设备准确记录咨询或治疗情况，督导师通过听录音了解受督者与来访者会谈的内容。受督者可以预选一段录音作为督导材料。督导师借助录音播放，选择具体对话来展开督导。

优势：

- 督导师间接亲临咨询现场情境，能掌握真实对话内容，督导针对性更强。

不足与局限：

- 来访者对录音有阻抗，受督者也感觉不舒适，不愿意录音。
- 督导师观察不到来访者的行为表现，得到的非言语信息不充分。

（四）录像

录像比录音更有优势，其优势在于增加了受督者与来访者互动的真实画面内容，提供的来访者和受督者信息更全面、立体，是目前应用很广泛的一种形式；主要不足在于来访者与受督者对于被录像可能感觉不舒服，有的人面对摄像头会感觉紧张或产生无意防御反应。

三、督导方式与形式的选择标准

选择不同的督导方式与形式，对督导效果会产生不同的影响。有的督导师认为只有通过录音或录像才能真正了解受督者与来访者之间的互动过程，有的督导师坚持认为只有采取自我报告形式才能对受督者内部推理过程有全面的了解。博德斯和莱迪克提出，选择督导方法可以依据6个因素（引自Bernard & Goodyear，2005）：

- 受督者的学习目标。比如新手，可能需要自我报告与录音或录像的结合。
- 受督者的经验水平和发展问题。比如，如果是从业时间长的人员，可以采用录像形式，就自己感觉困惑的部分进行督导。
- 受督者的学习风格。比如，有的受督者善于思考与推理，因此自我报告与过程记录比较适合。
- 督导师对受督者期望的目标。比如，如果受督者需要在具体细节处理上修正，那么录像就比较适宜。
- 督导师的理论取向。选择与督导师自己治疗取向相同的受督者，在自己熟悉的治疗领域发力，对受督者的帮助可能更大。
- 督导师自身督导方面的经验。每名督导师在督导过程中，形成了自己的督导风格与经验，利用自己已拥有的督导经验来开展督导，会使督导推进更顺利。

四、督导的设置

督导像学历咨询或治疗一样，需要在督导前与受督者协商督导的设置，作为督导工作框架。

（一）督导的时间

根据受督者需要及现实情况，督导师与受督者协商确定时间，在出现紧急情况时可提供临时督导。有文献研究发现，咨询前4小时、咨询前1天、咨询前2天、咨询后及时督导对督导效果的影响不同。

（二）督导的频率

稳定的督导一般每周一次，这与咨询和治疗实务的频率是匹配的，以保证对咨询与治疗服务质量的监控，学历教育尤其如此。对于非学历教育中的督导，也应保证对受督者咨询与治疗过程的持续干预。

（三）督导的费用

关于督导的费用，文献中很少提及，因为在学历教育中督导是教学培养方案的组成部分，不会单独收费。在国内，督导多在非学历教育中进行，督导的费用需根据当地收费标准、受督者的实际情况由双方商定。

基本概念

1. 督导：督导是由领域内资深成员为资历浅的成员提供的一种干预。这种关系具有评价性，需要持续一定的时间，并且需要对即将进入本专业的人员进行评价和严格把关。

2. 督导师：在心理咨询与治疗领域，具备一定的专业资质，达到专业所规定的基本条件，具有督导专业胜任力，并实际从事专业督导工作的资深专业人员。

3. 受督者：正在从事心理咨询与治疗专业活动，需要接受专业督导，与督导师建立了专业督导关系的专业人员。

本章要点

1. 督导是一项特殊的专业活动，是一种特殊的干预，它与案例讨论、心理咨询与治疗、培训教育及顾问等其他专业活动有所区别。

2. 具有胜任力的督导师需要满足一些基本条件，需要进行相关专业培训以及督导实践等。

3. 督导师具有一定的任务、功能及责任。作为肩负行业守门人责任的督导师，在督导过程中始终要聚焦于受督者的专业行为，并对受督专业行为进行持续观察、评估、反馈以及知识传递，以确保受督者专业能力得到提升。

4. 督导是一个持续的过程，在督导前需签署督导协议及确定督导设置。

5. 督导的不同方式和形式有其各自的优势和局限性。

复习思考题

1. 督导与心理咨询或治疗最主要的区别是什么？
2. 经验丰富的咨询师或治疗师自然而然就能成为督导师吗？
3. 如何理解督导师的专业守门人功能？
4. 如何选择督导的形式？依据是什么？

第二章

督导理论

本章视频导读

学习目标

1. 了解督导理论的重要性。
2. 理解本章介绍的督导理论模型。
3. 初步掌握如何将督导理论运用于督导实务。

本章导读

首先来看一个督导案例。咨询师提供的督导案例中，来访者小 A 父母离婚后，小 A 上大学的费用主要是由父亲提供。母亲不找父亲要生活费，让小 A 要，但小 A 担心父亲不给自己生活费。在小 A 的成长经历中，父亲在小 A 小的时候就会揍母亲，也揍小 A。小 A 小学、初中、高中都没什么朋友，从小学习就很努力，出于一种恐惧，觉得只有这一条路，没有其他的路了（因为如果小 A 成绩好，父亲就会对小 A 好一点）。父亲还会在生气时说小 A 将来肯定不能成才，还经常会因为一些事说小 A “不配拿钱”，一个不顺心就威胁不给小 A 生活费。

受督者认为小 A 的焦虑情绪是一种现实层面的焦虑：小 A 每个月都要靠父亲打钱，没有生活费就无法生存。而物质的不稳定直接导致生存焦虑。

由此提出的督导问题是：这样的情况是一个很现实的问题。对于父亲就是不给生活费这种现实的焦虑，咨询师到底能做些什么呢？

那么，对于受督者提出的督导问题，督导师会怎样针对受督者开展工作？工作的视角又是依据何种督导理论呢？

对于前面提到的案例，想必每位督导师会从不同的角度启动督导工作，或者帮助受督者的关注点会有不同，而这实际涉及督导师所依据的督导理论。

就像没有理论指导的咨询、治疗会是盲目的甚至危险的一样，督导工作同样需要有理论依据。专业人员的一个特征就是在不确定的情况下做出决定，是理论给予了他们这样的能力（Bernard & Goodyear，2004）。理论使人们把大量混杂的信息弄清楚并加以组织。

一名有经验的咨询师或治疗师并不一定可以成为一位督导师，因为督导是一项特定的专业工作，需要接受专门的训练，并且学习相应的督导理论。

第一节　督导理论模型概述

心理咨询与治疗有各种理论，督导同样如此。随着心理咨询与心理治疗的发展，最初的督导理论是基于心理咨询与治疗理论流派，之后逐步产生跨流派的督导理论。在 1997—1999 年举办的中德高级心理治疗连续培训项目中，学员被分成三个组：精神分析组、行为治疗与催眠组、系统家庭治疗组。项目不仅开启了国内咨询治疗流派的系统培训，也使参加培训的学员接受了基于心理咨询与治疗理论流派的督导。这像极了 20 世纪七八十年代之前的欧美国家——督导主要是基于某一心理咨询与治疗理论。

然而，一名新手咨询师开始实习对来访者开展工作时，更多需要的是基本功的训练，比如如何建立咨询与治疗关系、如何在咨询开始时对来访者进行评估等，如果没有特定的理论取向该如何督导？特别是在不以培训某一流派咨询师、治疗师为目的的学历教育中，督导师同样会面临以什么样的理论为学生提供督导的问题。另外，也经常会出现一位精神分析理论取向的督导师如何为一名认知行为取向的咨询师提供督导的问题。那么，是否有跨越心理咨询与治疗理论流派的督导？具体是什么样的督导理论，以及如何在督导实践中应用？本节将对现有督导理论进行一个基本概述。

一、督导理论模型

不同的学者对督导理论有不同的界定和类型的划分。伯纳德和古德伊尔（2021）在《临床心理督导纲要》一书中，使用了督导模型而没有使用督导理论来描述督导，其原因是考虑同心理咨询与治疗的理论相区别。在他们看来，督导模型有的复杂、有的简单，而且并不一定完全是独立的，而心理咨询与治疗的理论都试图涵盖心理问题的发生以及解决方案等比较广的领域。他们将临床心理督导理论模型主要分为三大类：第一类是以心理治疗理论为基础的各种模型，例如心理动力学督导模型、人本主义督导模型、认知行为督导模型等；第二类是督导的发展模型，即基于被督导者的发展需要建立的督导模型，例如整合发展的四阶段发展模型、六阶段发展模型等；第三类是督导过程模型，主要是观察、研究督导活动过程本身，常见的有区辨模型、七眼模型等。

本章将使用督导理论模型这一术语，为督导师开展督导工作提供所需的视角和框架，对于如何督导有其明确的理论观点以及相应的方法，并按照是否依据心理咨询与治疗理论而形成的督导理论模型进行划分，形成基于心理咨询与治疗理论的督导理论模型和跨心理咨询与治疗理论的督导理论模型两大类。基于心理咨询与治疗理论的督导理论模型如常见的心理动力学督导模型、认知行为督导模型、人本主义督导模型等，这些理论模型只针对相一致的心理咨询与治疗活动，如心理动力学督导模型针对受督者的动力学治疗。而跨心理咨询与治疗理论的督导理论模型是指适合所有心理咨询与治疗专业活动的督导理论模型，也就是不管受督者按照哪一个理论流派进行咨询或治疗，都可以对其进行督导。跨流派的督导理论模型根据关注点的不同可以进行细分，如聚焦于受督者的督导模型、聚焦于督导师的督导模型，也有既聚焦于受督者又聚焦于督导师，以及聚焦于督导过程的综合督导模型等。聚焦于受督者的督导模型主要是整合发展模型等，是根据受督者处于何种专业发展阶段进行督导的督导模型。聚焦于督导师的督导模型主要是区辨模型，强调督导中督导师的角色。而综合督导模型主要有七眼模型、胜任力模型、系统模型等（见图 2-1）。

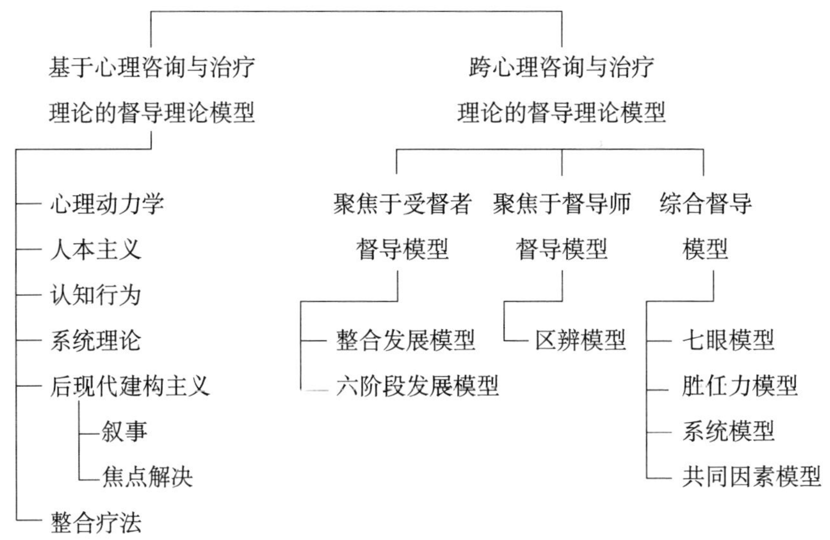

图 2-1　临床督导理论模型的主要分类

一位督导师进行督导时，可以依据自身的心理咨询与治疗理论取向选择督导模型，也可以选择跨心理咨询与治疗理论的督导模型。

由于篇幅所限，本章主要介绍几个跨心理咨询与治疗理论流派的督导理论模型，并且对所介绍的督导理论模型也只是概要地阐释。

二、督导理论模型的作用

专业人员的一个特征就是在不确定的情况下做出决定，是理论赋予了他们这样做的能力。督导是一项专业活动，每一次督导活动都是独特的且充满了变化，督导师能有效地对受督者开展工作，就是因为有理论的指导。这主要体现在以下几个方面。

一是督导理论模型为督导师提供督导视角和切入点。面对不同的受督者以及他们提出的督导问题，督导师准备从哪里入手开展督导工作呢？督导理论模型可以提供督导的视角或者切入点。例如，国内的督导多在学历教育之外进行，受督者多未接受过系统规范的培训，督导师在督导前需要对受督者的发展水平进行谨慎的评估，因为有些人接受过不少培训甚至有不少咨询实务经验，但由于培训缺乏系统性和规范性，之前的咨询实务工作缺少督导，其实际的发展水平要仔细斟酌，对其要采取适宜的督导方式。

二是督导理论模型可以为督导师确定督导目标。虽然受督者接受督导时都会带来一定的督导问题，但是督导师担负着保护来访者的利益、维护服务质量以及提升受督者胜任力的责任，还需要根据受督者的实际工作有针对性地督导。而督导理论模型可以帮助督导师确定督导目标，在确定督导目标时将受督者的督导问题纳入其中。例如，督导师采取区辨模型进行督导。根据受督者提出的下一步如何对来访者进行干预的督导问题，督导师可能会扮演教师的角色，帮助受督者学习某一干预技术和方法，以利于受督者进一步工作。

三是督导理论模型为督导师督导提供了工作框架。依据某个督导理论模型，督导师可以确定整个督导工作的流程。如胜任力督导模型：督导师在督导前对受督者的胜任力先进行评估，注意督导工作同盟的建立与维护，依据五个方面的学习环进行循环督导。督导师不仅清楚督导工作从哪里入手，也了解督导过程与步骤。

第二节　整合发展模型

提到督导发展理论模型，可能读者很快会想到发展心理学中一些发展阶段理论。人的一生是一个不断发展的过程，学者们会基于不同的内涵提出各自的发展阶段理论。对某一年龄段或一些特定的群体也有专门的探讨，比如0～3岁婴幼儿的发展阶段及其特征、青春期的发展阶段及其特征等。督导的发展理论也多从受督者的角度，根据心理咨询与心理治疗专业人员专业成长中呈现的一些核心内容，提出了相应的发展阶段。

发展理论模型有两个基本假设：一个是在提高能力的过程中，受督者要经历一系列性质各不相同的阶段；另一个是要根据不同阶段提供不同的督导环境，采取不同的督导方式。本书主要介绍整合发展模型。

一、整合发展模型介绍

整合发展模型（integrated developmental model，IDM）是督导领域最知名、应用最广泛的督导阶段发展模型。依据伯纳德和古德伊尔的介绍，整合发展模型的督导干预方法是从洛根比尔等人（1982）最初描述的方法修订而来，后者是从布莱克（Blake）和摩顿（Mouton）（1971）的工作成果改造而来。整合发展模型将咨询师的发展划分为四个阶段，也称四种水平，每个发展阶段的特征是由“为评估专业人员成长提供标志的三种最重要的结构”的变化决定的，这三种结构分别是：

自我—他人意识。根据受督者对来访者世界的认识和自我意识的提高来判断受督者所在的位置。

动力。反映受督者在临床培训与实践中的兴趣、投入和付出的努力。

自主性。反映受督者表现出的独立程度。

依据这三种结构，整合发展模型总结了受督者的四种发展水平，其中每种水平下受督者的特征如表 2-1 所示。

表 2-1　四种水平下的受督者特征

水平 1	有限培训、有限经验	
新手	动机	动机和焦虑水平高，关注于技巧的获得
	自主性	依赖于督导师，需要结构、积极反馈以及很少的直接对质
	意识	高自我关注，但只有有限的自我意识
水平 2	从高度依赖、模仿向高度机构化转变	
小成	动机	受督者在极度自信和犹豫迷惑之间不停波动
	自主性	功能上更加独立，但在自主与依赖之间冲突
	意识	关注来访者并将重点放在来访者身上
水平 3	关注以个性化的方法进行实践以及在治疗中使用并理解自我	
大成	动机	水平比较一致，偶尔对自我效能产生怀疑
	自主性	已经建立起对自己专业判断力的坚定信念，督导双方逐渐变为平等的关系
	意识	始终保持对来访者的关注，同时注意自己对来访者的反应，然后据此对来访者做出判断

续表

水平 4	整合的
老手	能使用一种个性化方法开展工作，并具有熟练地进行治疗、评估、概念化等操作的能力。受督者已经清楚地意识到自身的优势和弱点

那么，针对不同发展水平的受督者，督导师会如何工作呢？《临床心理督导纲要》一书介绍了斯托尔滕贝格（Stoltenberg）和麦克尼尔（Mcneill）对不同水平受督者最有利的干预建议，主要内容包括：

对于新手受督者：

- 督导师比较适合使用促进性干预，要给予受督者更多的支持和鼓励。
- 督导师要提供结构化的督导，使用处方式干预，提供具体的建议和指导。
- 督导师要进行适度概念性干预，帮助受督者学习将理论与实践联系在一起。
- 对于在水平 1 后面阶段的受督者，督导师可以采用一些催化性干预，比如提问、试探、探索或者在关键地方提出议题。

对于小成受督者：

- 督导师可以持续性地使用促进性干预，偶尔使用处方式干预。
- 督导师主要使用概念性干预，特别是从不同理论角度进行概念化；还有面质性干预，即督导师指出自己所观察到的受督者的情感、态度、行为等方面的不一致；以及聚焦于治疗和督导过程中的若干重要时刻的催化性干预，包括讨论移情、反移情。

对于大成受督者：

- 督导师要持续使用促进性干预，这有利于督导关系。
- 需要的时候使用面质性干预。
- 概念性干预的形式变为帮助受督者自己做出关于临床工作方向的选择。
- 继续使用催化性干预的情况是受督者身陷或者退回到停滞状态时。

成熟的咨询师、治疗师由于具有丰富的专业经验，有更强的自我觉察和学习能力，对咨询与治疗中遇到的困境可以较好地应对或者更清楚自己的局限性并予以接受，大多会在适宜的专业场合与同行交流，也会及时地寻找同行进行同辈的督导。

二、案例应用

案例 2－1：预约的来访者在咨询时间未到，咨询师在咨询室等了 5 分钟后，接待员叫咨询师去接电话，说来访者在回家的火车上，来电话说不能来咨询了。咨询师接过电话以后第一句话说的是“下次咨询改到××时间吧”。该咨询师在接受督导时告诉督导师，之前咨询的时间是按来访者比较方便的时间确定的，来访者这次没有早通知咨询机构不能来咨询，而是在回家的火车上才打电话，咨询师感到不被尊重，很生气，更改后的咨询时间是她自己比较方便的时间。

受督者提出的督导问题是：下次来访者来了以后，怎么和他谈爽约的问题?

如果依据督导的发展理论，督导师怎么对受督者进行督导呢?

从咨询师接电话的过程来看，咨询师带有较浓的情绪，并受情绪驱使立即做出了修改咨询设置的反应。咨询师的情绪反应可以解释为一种反移情。下次督导咨询师怎么和来访者谈爽约的事情，实际涉及咨询师怎么看待自己的反移情以及如何处理的情况。对于处于不同发展阶段的受督者，督导师的督导策略和方式会有所不同。

对于新手受督者，督导师需要直接明确地给受督者建议。更改咨询的设置需要非常谨慎，因为设置的改变会对咨询关系、咨询进程等产生影响。要告诉受督者，维持设置的稳定是保证咨询有效进行的重要方面，因此先要和咨询机构的接待员联系，将咨询时间恢复到最初的安排；与来访者见面后，要就没有和来访者讨论就对咨询时间做更改表达歉意，并且对其临时回家表达应有的关切。理解自身的反移情对新手受督者而言是一个比较复杂的问题，对于这一点先不予以讨论。对于新手受督者，督导师先要让其知其然，清楚基本的工作规范。而按照咨询工作规范处理一些突发情况，本身就是处理情绪的方式。

对于小成受督者，督导师可以与受督者做些讨论，询问受督者怎么理解自己拿起电话就立即更改咨询时间这一情况，是否意识到其中有自己的反移情；如果见到来访者，受督者对如何和来访者谈更改设置的事情有什么想法。督导师可以根据受督者自身的理解与想法做些促进性的反馈，也可表达自己的见解。

这个阶段的受督者处于逐步确立自信、增强自我独立性的过程中，也处于独立与依赖比较冲突的时候，因此督导师既要给受督者表达自我想法的机会，对其给予适当的肯定，同时在给予必要指导的时候也不能强制。

对于大成受督者，督导师可以与受督者更平等充分地讨论。对于一名比较有经验的咨询师而言，其立即采取了不太合适的改变设置的举动，是否对这种反移情有更深入的自我觉察？而再见到来访者时，该咨询师如何利用这种反移情更进一步地工作？

大成受督者已经逐步形成了自己的咨询风格，对咨询双方都更有觉察。督导师可以透过咨询情境促进受督者的自我反思，使其拓宽领悟与经验。

在实际的督导过程中，受督者发展水平的评估可以采用受督者水平问卷作为参考。而在国内的实际督导工作中，临时的或一次性的督导较常见，督导师只能根据受督者介绍的受训和实践情况判定。然而，经常发生两种错位的情况：一是督导师最初认定受督者发展阶段与其咨询过程中的实际表现错位；二是当督导师重新考虑受督者发展水平时，受督者对自己发展现状的认知与督导师考虑的水平出现错位。

出现这样的情况与受督者的现状有关。一方面，国内学历教育缺少系统的心理咨询与治疗专业理论和专业实习的培训；另一方面，缺乏专业背景的学习者多是通过继续教育项目来进行培训，规范的、完整的系统训练明显不足。如此，很难出现接受过规范学历教育而走上职业发展道路的咨询师、治疗师。因此，督导师不能仅依据受督者以往的受训和实践经验来判断其专业发展阶段；尤其是受督者也会有自己的发展阶段定位，需要督导师在督导过程中持续对其发展阶段进行评估，调整督导策略与方法。具体的评估可参考本书第三章的内容。

第三节　区辨模型

如果说前面介绍的整合发展模型更多是从受督者的角度来构建的话，区辨模型（discrimination model，DM）则考虑督导师自身的角色来进行督导。区辨模型由伯纳德提出，并被逐步修改。

一、模型介绍

区辨模型通常被认为是临床督导中最普遍的一种督导理论模型。这种模型创立于 20 世纪 70 年代中期，是一种泛理论模型。伯纳德将区辨模型作为一种教学工具，她在 1979 年提出了督导的三个关注点以及三种督导师角色。

关注点即督导师关注的受督者的技能。三个关注点主要指：

（1）干预技能。即督导师观察到的受督者在咨询中的行为、使用的技术以及体现出的水平等。

（2）概念化技能。受督者对所获得的来访者信息的理解，以及观察体会到的咨询过程中的相关信息（包括双方的感受）——受督者采取何种理论视角对这些信息进行有意义的整合理解，并由此确定咨询目标，选择干预方法等。

（3）个性化技能。受督者如何将个人风格融入咨询过程中，以及对于个人议题、文化偏见和反移情反应的识别与处理。

一旦督导师对受督者在某个关注领域的能力有了一个判断，督导师必须选择一种角色来实现他们的督导目标。可选择的三个角色包括教师、咨询师和顾问。

（1）教师：督导师在认为受督者需要接受结构化督导时所扮演的角色，其督导活动包括指导、示范、讲解、给予直接反馈等。

（2）咨询师：督导师在希望增强受督者关于自己的反思时扮演的角色，会聚焦受督者的内在感受，同时考虑其对咨询过程的影响等。

（3）顾问：类似于同事之间的、更具合作性的关系角色。这是当督导师希望受督者相信自己对工作的见解和感受时，或者当督导师认为要求受督者独立思考和行动很重要时，督导师所扮演的角色。

一般来讲，在督导过程中，督导师在任何时刻都会以下面九种不同方式（即三种角色乘以三个关注点）中的一种来做出反应。表 2-2 展示的是该模型在督导实践中的操作示例。

表 2-2 区辨模型中关注点和角色组合工作方式示例

督导关注点	督导师角色		
	教师	咨询师	顾问
干预技能	受督者想要对一位来访者进行放松训练，但是自己从未学习过	受督者对某位来访者不能使用面质技术	受督者的来访者是名初一的学生，受督者想使用绘画的方法对学生开展工作
	督导师教授受督者放松训练技术，并且进行示范	督导师试图帮助受督者确定来访者对受督者的影响，这限制了受督者在治疗中对面质技术的使用	督导师向受督者提供了应对青少年咨询中使用绘画技术的相关资料，也和他一起讨论如何使用
概念化技能	受督者觉得来访者提供的信息太多，不知从何入手理解来访者的核心困扰	受督者对一位总是迟到的来访者表现出抵触情绪，想尽快结束这段咨询	受督者使用了认知行为理论对来访者做了假设，但想采用不同的模型来进行个案概念化
	督导师让受督者提供一段逐字稿，教授其识别来访者的主题陈述	督导师帮助受督者理解是什么阻碍了其对来访者迟到行为的理解	督导师和受督者讨论其他几种模型并让受督者考虑
个性化技能	督导师发现受督者在描述一位总是低着头说话的来访者时显得有些不耐烦	督导师发现，受督者的来访者对受督者抱怨咨询没有效果时，受督者直接忽略过去了	受督者愿意与女性一起工作
	督导师与受督者回顾咨询过程，向其反馈，并以角色扮演的方式向受督者传授同这样的来访者进行沟通的一些方法	督导师对受督者的焦虑与担心进行了反馈，并提示受督者思考当来访者抱怨而其采取回避方式时对咨询可能产生什么影响	督导师和受督者讨论女性发展的相关议题

从表 2－2 中的示例看，可能比较难以理解和驾驭的是督导师的咨询师角色。督导师的咨询师角色并不是为受督者做咨询，而是帮助受督者从个人角度看问题，以及与之探讨如何减少个人议题对咨询的影响。

区辨模型帮助督导师在不同的关注点上扮演不同的角色。有的时候教得比较多，扮演的是教师的角色；有的时候提建议讨论各种可能性，扮演的是顾问的角色。总之，要根据受督者的特定需要来调整自己的反应，这意味着督导师所采取的角色以及关注点在督导会谈之间会发生改变，在每次的督导过程中也会如此。结合前面介绍的发展理论模型，对于初级的受督者，督导师似乎更喜欢扮演教师的角色，主要关注受督者干预的技能；而对于较高水平的受督者，督导师则更容易扮演顾问的角色，对三个关注点即干预技能、概念化技能以及个性化技能采用相对平衡的方法。

上面谈及的只是一般的趋势。伯纳德（Bernad，1979，1997）指出，对于任何水平的受督者，督导师都应该准备好扮演所有的角色并关照到所有的关注点。

另外，对于区辨理论模型有不少相应的研究，多明确地验证了这种模型，或者以它作为一种手段来设计研究问题。国内学者宗敏、赵静、贾晓明（2015）采用质性研究方法，运用督导师对初学者、有经验者进行督导的文本，依据区辨模型了解在督导初学者和有经验者的过程中，督导师的督导角色和督导焦点之间的差异。方法为，采用独特个案取样法选取 1 名督导师和正在接受督导的 2 名受督者，受督者中 1 名为初学者、1 名为有经验者，作为研究对象。分别选择 2 名受督者的第 1、5、9 次和最后 1 次共 8 次督导转录文本，运用伯纳德的区辨模型理论从督导师、督导焦点两个维度进行编码分析。结果显示，在对初学者的督导中，督导师更多扮演教师角色，其次是咨询师角色，顾问角色很少。而在对有经验者的督导中，3 个角色均有出现且较平均，而且在第 1 次督导时咨询师和顾问角色要多于教师角色。对初学者的督导更集中在干预和个人化的焦点上，而对有经验者的督导更集中在个案概念化以及个人化的焦点上。对待初学者，督导师更倾向于采用教师的角色讨论干预的问题，采用咨询师的角色讨论个人化的问题。对待有经验者的督导师倾向于采用顾问的角色讨论概念化的问题，而咨询师的角色在干预、概念化和个人化等问题上均会灵活使用。

二、案例应用

在实际使用区辨模型进行督导时，一般有两个思路：一个是针对受督者提出的督导问题，采用不同督导角色开展工作；另一个是督导师在督导过程中发现一些情况，需要针对受督者开展工作，并根据特定的问题选择不同的角色开展督导工作。

（一）根据受督者提出的督导问题

督导问题1：来访者在学校表现得异常焦虑，非常注重别人的看法，压抑自己的情绪，但是回到家里后，就变得非常自我中心化，是家里的公主，父母各种伺候着。如何理解这两种极端的状态呢？

如果运用区辨理论，针对这样的督导问题，督导师怎样对受督者开展工作？

督导师首先需要确定这个督导问题属于干预技能、概念化技能、个性化技能三个关注点中的哪一个，再考虑采用哪种角色对受督者开展工作。从受督者提出的问题中可以发现，他对于来访者在学校和家中的反差表现很困惑，这实际涉及从哪个心理咨询理论角度对来访者进行理解或者假设，属于个案概念化的问题，由此督导师的关注点是需要帮助受督者提升其个案概念化的能力。那么，在具体帮助受督者过程中，督导师在教师、咨询师、顾问三个角色里采用哪个呢？这需要督导师进行多方面考虑。假设受督者希望从心理动力学的分离个体化理论角度去理解这位来访者，但他对分离个体化理论不甚了解，也不知怎么使用来访者的信息特别是督导问题中提出的那些令人困惑的信息去进行个案概念化。根据这样的情况，督导师可以选择采用教师的角色，向受督者讲解分离个体化理论，并帮助受督者结合已经获得的信息使用分离个体化理论对来访者的问题进行假设，以使来访者逐步掌握概念化技能。

当然，督导师也可以采用顾问的角色，向受督者建议尝试其他的理论进行个案概念化，比如阿德勒（Alfred Adler）的个体心理学，从自卑感到社会兴趣的角度来理解来访者的问题。

（二）根据督导师的发现

督导问题 2：在首次会谈中，咨询师进行初始访谈，但来访者不想回答咨询师的问题，并表现出烦躁和愤怒。在这个过程中，来访者反复强调不让咨询师问她问题，她认为自己很清楚自己的问题，她来咨询就是想问咨询师自己不愿意与人交往是不是社交焦虑的表现，希望咨询师既不要背诊断书上的标准也不要说套话。

受督者提出的督导问题是，在访谈过程中自己一直担心来访者会离开，而且一直想知道如果来访者真的离开了该怎么处理，也希望督导师给予建议。

这个案例中，虽然只是初始访谈，但来访者对咨询师有明确的要求，不让咨询师问她问题，提出各种要求，这使得受督者认为通常先要了解问题的工作受阻。同时，来访者表达了一直按别人意愿行事的委屈。这样的来访者和咨询情境，对于咨询师是有挑战的，而且会有特别的感受和反应。这名受督者一直担心来访者会离开，而且关注如果离开怎么处理，并以此作为督导的问题。那么，督导师可以考虑怎么督导呢?

同样，督导师首先要确认关注点。督导师可以考虑受督者提供的咨询情境，可能不同的咨询师会有不同的反应。而受督者的反应显然有一定的个性化特点，他是担心来访者离开，以及如果离开他该如何处理。由此，督导师可以尝试采用咨询师的角色对受督者开展工作。督导师可以通过几种方式对受督者开展工作：一是可以使用共情的态度表明感受到了受督者的情绪和困扰。二是可以了解受督者以前是遇到过类似情境，同时也有类似反应，还是这只是个案；而如果过往有类似的反应，也不讨论，只是促进其自我觉察。三是可以了解当来访者说“你不要问我问题”时，受督者是怎样反应或者回应的，这些反应或者回应对咨询过程产生了什么影响，受督者是怎么看待这种影响的，促进其自我反思。

这里的重点是，督导师虽然扮演咨询师角色，但是并不会和受督者讨论受督者担心来访者离开的原因，不直接处理受督者的情绪问题，而是将重点放在受督者担心的情绪和在咨询过程中受督者对来访者的反应会对来访者和咨询本身产生什么样的影响，促使受督者自我觉察和自我反思上，以此来帮助受督者。

专栏

督导师问与答

问：督导中，督导师的咨询师角色和咨询中的咨询师角色有何主要区别？

答：区别首先体现在工作的对象不同。正像本书所强调的，督导是一种特殊的干预，但不是心理咨询或心理治疗。督导的工作对象是心理咨询专业人员，而不会把受督者放在来访者的位置，并且最重要的是监管心理咨询专业人员的服务质量。

其次，工作的目的不同。督导中的咨询师角色体现在关注受督者的个人议题，但并不处理受督者的个人议题，换句话说，不会采用咨询中的咨询师的角色去处理受督者的个人议题，其工作重点是帮助受督者探讨其对个人议题的觉察以及对咨询工作的影响，这也是本节中案例讨论多呈现的情况。

最后，工作依据的规范不同。虽然督导师在扮演咨询师角色时，也会采用咨询中的咨询师的态度如真诚、尊重、共情关注和对受督者的情绪感受进行回应，但是如果受督者因个人议题对来访者所采取的行为、态度等使来访者利益受损，督导师要依据专业要求特别是伦理规范明确给予反馈并予以纠正，这既是督导师的责任，也是对来访者的保护，同时对受督者来说是需要学习与改进的。而咨询中的咨询师不会将对咨询师的伦理规范等作为对来访者的行为、态度等的要求。

在区辨模型的框架下，督导师如何采用咨询师的角色确实令人比较容易困扰，这需要督导师在不断实践的同时也接受督导。

第四节　七眼模型

“督导的七眼模型”是由霍金斯（Hawkins）和肖赫特（Shohet）共同创建的，他们更多地关注督导师的工作焦点，而不是督导师的角色和风格。这一模型多被归类为督导过程模型，由于督导师的工作聚焦于来访者、受督者、督导师以及相互关系，还有组织、社会文化因素等背景，体现了一种综合性督导特点。

一、模型介绍

霍金斯和肖赫特偏向于从动力学视角来看待督导工作。他们认为，督导虽然是督导师对受督者开展的工作，但其实存在在两个系统，一个是由受督者（咨询师）与来访者形成的治疗系统，另一个是由督导师与受督者形成的督导系统，同时这两个系统之间存在着一种隐形的关系即督导师和来访者的关系，两个系统会相互作用和影响。而且这两个系统处于一个更广泛的背景中，如所处的服务机构、专业伦理规范等社会文化因素，这些背景会对督导过程产生影响甚至改变两个系统。

具体来讲，该模型强调督导师应该将工作重点放在由两个系统和广阔背景组成的七种不同现象或称重点上。在具体督导过程中，可以选择不同的视角（或方式）作为重点，探究不同的关系问题、系统间的相互影响以及作用。七种不同的“关注重点”见图 2 - 2。具体如下：

重点 1：聚焦于来访者的表现。关注受督者所描述的当下的治疗会谈，包括来访者的言语和非言语行为，探讨来访者某次会谈的内容与其他次会谈所谈及内容之间的关联性等。

重点 2：聚焦于受督者所使用的策略与干预。关注受督者对来访者采取的具体干预措施，包括每一种干预是如何选择的以及该措施在多大程度上具有治疗性。

重点 3：聚焦于来访者和受督者之间的关系。关注受督者和来访者共同建立的关系系统。督导师需要关注：咨询工作联盟现状如何，咨询关系是否破裂，等等。

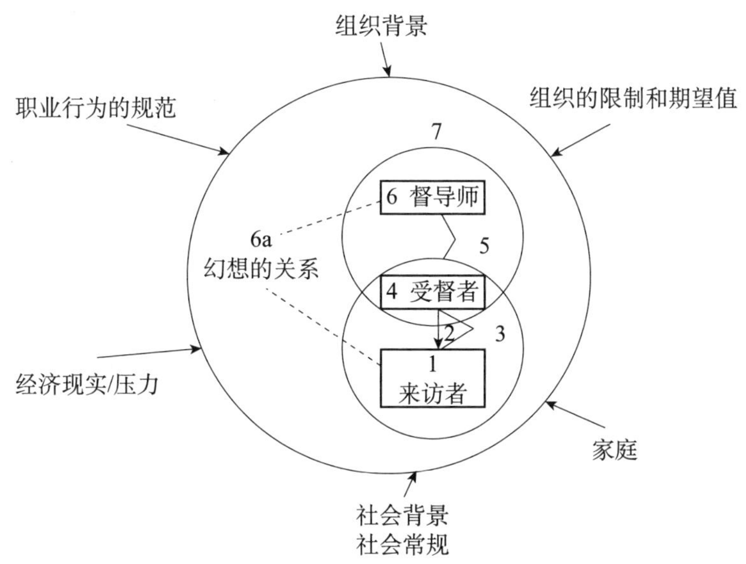

图 2－2　督导的七眼模型

资料来源：Bernard & Goodyear. 临床心理督导纲要：第 3 版．王择青，刘稚颖，等译．北京：中国轻工业出版社，2005.

重点 4： 聚焦于受督者。关注受督者的内在心理过程，尤其是反移情过程，以及对治疗的影响。

重点 5： 聚焦于督导关系。关注平行过程，即督导关系与治疗关系之间的平行关系。

重点 6： 聚焦于督导师自己的心理过程。关注督导师自己对受督者的反移情。

重点 6a： 聚焦于督导师与来访者的关系。关注督导师和来访者对彼此的心理推测。督导师应该思考：受督者怎么理解这些推测？这些推测是如何传递和交流的？它们如何影响了受督者与督导师、受督者与来访者的关系？这些推测对理解受督者的工作以及来访者有何帮助？

重点 7： 聚焦于更广泛的背景。关注督导师和受督者所在的专业领域，包括他们所属的专业组织和工作机构。这一聚焦方向包括考虑督导系统中每个人的背景、每一种关系的背景以及受督者的工作背景。这里涉及具体职业行为的伦理规范、所在机构的性质（限制和期望值）、家庭、经济现实/压力，甚至社会背景、社会常规等。

七眼模型的核心就是对上述工作重点的关注。那么，在督导工作中，督导师以怎样的方式选择某个重点作为切入点进行督导呢？这可以有不同的思路：一是可以由督导师直接选择重点；二是先由督导师提供可以选择的重点，再由受督者选择，双方确定；三是督导师帮助受督者梳理各种选择，然后由受督者选择重点(Bernard & Goodyear，2004)。选择督导重点可以考虑一些不同的因素，如受督者的发展阶段、受督者的理论取向，根据以往的治疗会谈情况确定受督者的学习需要、受督者对来访者开展工作所处的阶段、时间的限制，以及受督者当时的情绪、工作状态等。可以考虑的因素很多，需要督导师灵活掌握，但也要有较清晰的思考，有一定依据地进行选择。

二、案例应用

案例 2-2：受督者在高校工作，她提出的问题是总觉得自己无法帮助来访者，认为主要原因是所在高校对每个来访者有咨询次数限制（只能 6 次）。她很焦虑，总觉得时间不够用，刚开始咨询没几次，还没谈什么问题就结束了。尤其是，她认为自己接受的是长程精神分析训练，6 次根本不能解决来访者的问题。

那么，怎样应用七眼模型对受督者开展工作呢？

首先，在使用前，督导师要先向受督者介绍一下这个理论模型，使受督者理解督导师是在怎样一个理论框架下工作的。然后，督导师确定用哪种思路选择关注重点，是由督导师来直接选择，还是在跟受督者回顾咨询过程后由受督者选择。最后，如果督导师觉得这名受督者的困扰涉及所在机构的咨询设置，可以直接选择重点 7，关注组织背景对受督者的影响。

高校心理咨询工作的定位是为全校学生提供心理健康服务。对咨询服务次数的规定，是为了使心理咨询可以在更大范围内为有心理困扰的学生提供服务，也基于短程的心理咨询同样可以有良好咨询效果的理论依据。但有些在高校工作的心理咨询师并不一定认同这种服务定位和认可短程工作的效果研究，甚至有抵触情绪，会按照自己认为的理论取向和确定的咨询目标工作，也就有了督导案例中受督者的困扰，比如对时间的焦虑、对咨询效果的焦虑。心理咨询的工作背景会对受督者产生很大的影响，因此七眼模型提出的关注包括组织限制和期望等背景是十分重要的。笔者就这一问题咨询过古德伊尔教授（《临床心理督导纲要》的作者之一）：在美国，这种情况会怎么处理？古德伊尔教授的回答很简单，那就是可以选择辞职，否则咨询师、治疗师需要服从机构的规定，当然这个规定应符合专业规范。由此，督导师需要和受督者交流讨论，学习如何在服务机构有限的次数设置下开展咨询工作，包括初期评估后根据获得的信息形成初步的个案概念化以及确定适宜的短期咨询目标等，强调只要短期目标达到就是有效的工作。

特例的情况还可以基于评估申请在设定的次数之外增加次数，比如，对于有医学诊断的来访者，需要进行持续性的评估，提供一定的辅助心理咨询的服务。当然，这需要机构本身有增加次数设置的制度，明确基于何种条件才可以申请延长咨询，以及在申请批准后如何开展工作。

另外，也存在心理咨询机构设置本身不符合专业规范的情况。比如，在缺少评估的情况下，对任何来访者都先收取一定次数的咨询费用再进行咨询，这种设置本身既缺乏专业性也不符合来访者的需求和利益，同样需要督导师在督导过程中与受督者进行讨论，一方面对受督者的来访者重新进行评估，确定咨询目标和咨询次数，另一方面也要从保护来访者利益的伦理角度对机构的设置进行讨论。

第五节　胜任力模型

一、督导胜任力模型介绍

（一）胜任力模型简介

基于胜任力的督导是一种元理论方法，它清晰地界定了构成临床胜任力的知识、技能和态度，明确了学习策略和评估程序，达到了与循证实践

（规章）和本土/文化的临床设置相一致的胜任力标准（Falender & Shafranske，2007）。

在基于胜任力的督导中，重点在于“把知识和技巧应用到真实世界之中的能力，并把绩效表现作为评判标准”，以此来评估受督者的学习状况，它关注的是学习的效果（Falender & Shafranske，2011）。

胜任力取向将督导引向评估受督者的胜任力产出，把问责制引入督导实践中，所有这些最终都引向对来访者的保护。这样的督导取向引入了自我评估与反思性实践来帮助受督者提升胜任力，并且这个过程将贯穿一个人职业生涯始终，以此来保护受督者在受训中接触的来访者以及受督者从业后所服务的来访者福祉。

基于胜任力的督导是元理论的、人际的、体验的，它为系统的和有意的督导实践提供了一种跨理论和跨模型的框架（Falender，2021）。这意味着基于胜任力的督导模型是跨理论的、独立的督导模型，同时它可以在职业发展的任何阶段应用，并且可以和不同的理论取向相结合。

相比基于流派的督导模型，胜任力模型能系统地关注督导的所有组成部分，包括督导同盟、（关系）张力和破裂、反应性或反移情、多元文化的多样性、理论取向忠诚度之外的评价和反馈、自我关怀、法律和伦理标准。

（二）胜任力模型的重要成分

1. 胜任力评估

准确地评估受督者的胜任力在这一模型中非常重要。鲁多尔法（Rodolfa）等人（2005）提出了一种三维胜任力模型，即胜任力矩阵（competencies cube），该模型描述了所有心理学家在知识、技能、态度和价值观领域的基础性胜任力、功能性胜任力，以及从博士教育到通过继续教育终身学习的专业发展阶段。具体来说：

（1）基础性胜任力。它反映了作为心理学家“如何或为什么这样做”的基础知识、技能、态度和价值观，即它们是专业功能的基础。基础性胜任力包括反思性实践/自我评估、科学知识与方法、关系、伦理与法律标准/政策问题、个体与文化多样性以及跨学科系统。

（2）功能性胜任力。它反映了心理学家做什么，即他们的专业活动或功能。它包括评估/诊断/概念化、干预、会商、研究/评价、督导/教学、管理/行政。

(3) 专业发展阶段。它被划分为博士教育、博士实习/全职实习、博士后督导/全职实习/会员资格以及持续的胜任力。这一维度表明，胜任力是一个持续不断发展的过程。

基于胜任力的督导模型评估受督者的胜任力，并据此制定督导计划。在督导过程中，督导师要识别受督者的优势和需要改进的地方，以此为目标，提供持续的、支持性的督导。

2. 督导过程：学习环

胜任力取向提供了一个清晰的督导框架，以及一种开始、发展、实施和评估督导过程与结果的方法，从知识、能力、态度三个方面要求咨询师达到胜任力标准。胜任力模型督导工作也是个循环，包括表现与自我评估、督导师与受督者观察、带领反思、反馈/评价、对下一步工作给予计划五个方面（见图 2-3）。具体来讲：

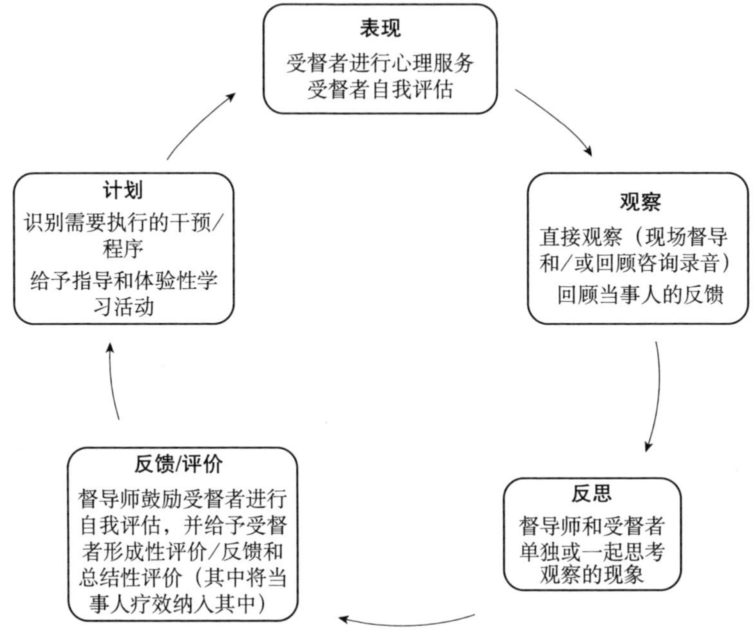

图 2-3　胜任力督导模型

资料来源：卡罗尔·A. 弗兰德. 基于胜任力的临床督导师. 东方明见督导师培训资料，2022.

第一个方面：表现。也就是受督者进行实际的心理咨询、治疗服务，即在咨询过程中发生了什么。服务之后要进行自我评估。

第二个方面：观察。观察可以分为直接观察和当事人的反馈。直接观察即督导师透过单向玻璃或者通过摄影设备在其他房间现场观察受督者的咨询/治疗工作，并记录和评估其工作情况；也可通过咨询后的录音、录像回放进行观察。对于咨询后观察，督导师和受督者可以一起进行。回顾来访者给予的反馈也是观察的一种方式，有研究表明接受反馈组的来访者结果有所改善的比例是无反馈组来访者的两倍。

第三个方面：反思。督导师和受督者分别或者共同对上述观察进行反思。反思的内容包括当时发生了什么、感受到了什么、做了什么，以及在督导中又发生了什么。

第四个方面：反馈/评价。督导师向受督者提供反馈/评价。督导的任务之一就是对受督者的咨询或治疗工作给予反馈，做出评价。督导师鼓励受督者进行自我评估，并给予受督者形成性反馈/评价和总结性反馈/评价。

第五个方面：计划。根据前面的反馈与讨论，督导师要和受督者进一步讨论之后的干预计划，包括需要做哪些干预，具体的步骤、程序。在这个过程中，督导师会对受督者给予指导，并且可以采用体验式学习，比如角色扮演等，使受督者明确具体的临床咨询工作。

这个胜任力模型非常具有灵活性，在督导的时候可以根据受督者的情况，从知识、态度以及能力三个方面之一开展督导工作，只要和胜任力有关都可以成为督导的切入点。要特别清楚，提高受督者胜任力就是督导的功能之一。

3. 胜任力模型的关注点

（1）督导师自身的胜任力。胜任力模型强调督导师也要有胜任力。督导师的胜任力意味着督导师在向受督者提供心理服务方面也是胜任的。当对他们不太熟悉的领域进行督导时，督导师要采取合理的步骤来保证督导工作的胜任力，并保护其他人不受伤害。以下是跨学科的临床督导的最低标准（来自东方明见督导师培训资料）：

- 拥有恰如其分的专业认证，包括把督导作为专门学科和专业给予的认证。

- 拥有临床督导所需的知识与技能，并且知道自己的限制在哪里。
- 获得督导活动的知情同意，或者使用督导合同。
- 提供每周至少一小时的面对面的个别督导服务。
- 观察、回顾或者监控受督者的治疗/咨询会谈（或者至少部分的会谈）。
- 给予受督者公平、尊重、诚实、持续以及正式的评价性反馈。
- 促进受督者的福利、专业成长以及专业发展，并为其而投入。
- 要留意督导和咨询中出现的多元文化和多样性问题。
- 保护受督者（合理）的隐私。
- 要留意督导双方的权力差异（和边界）及其对于督导关系的影响。

（2）督导同盟。督导同盟通过有效的、有目的的工作得以建立和持续，对任务的协商一致和投入是为了实现督导目标。督导同盟是合作性的、有目的的工作关系，通常发生在督导的关系情境中，这也就推动了情感连接的发生（Falender & Shafranske，2021）。

督导同盟包含以下几个方面：首先是安全的关系连接；其次，受督者需要体验到与督导师的共情同频和理解，对督导师而言也是如此；再次，督导师拒绝进入治疗性互动的诱惑，提供恰当的回应，以支持受督者的专业发展；最后，督导本身所具有的评价功能强调督导关系的等级本质，可能会妨碍合作型投入—关系敏感性，尤其是在可能引发羞耻感的互动中（Falender & Shafranske，2021）。

绝大多数关注督导同盟的研究都证明了督导同盟在督导实践中的核心作用。好的督导同盟意味着督导师能够根据受督者的需要定制督导，澄清期待，建立信任和连接感，制定督导目标和任务，让受督者学会根据来访者需要定制咨询服务，并教会受督者思考的方式而不是思考的内容（Watkins，Budege & Callahn，2015）。

（3）反思性实践。反思性实践意味着对自身的行动以及行动中所蕴含的假设进行自我觉察、暂停、思考和反思的能力。反思性实践既是一种心智状态（注意、被关注和留意的过程），也是一种问题解决导向（识别问题并找到解决方法的意识过程）。督导师与受督者的反思性能够帮助其获得和拓展知识，讨论对体验的反应，讨论个人目标和进步，并且通过自我理解来发展和精进个人技能。自我反思对于督导师和受督者而言都很重要。自我反思越多，就越可以有效地整合反馈，致力于元胜任力的活动（即思考自己所不知道的），以及有效地培育技能、知识和态度。

二、案例应用

案例 2－3：受督者是高校心理咨询中心的实习咨询师，同时也是咨询心理学方向在读博士研究生。在督导中，她报告了一名因考研焦虑而前来咨询的来访者。受督者提到，在咨询过程中，来访者不断地要求咨询师提供建议和指导，尽管受督者努力地向来访者进行解释说明，但感觉一直被来访者追着要方法，实在不知道应该如何处理，因此寻求督导师帮助。以下是受督者提供的对话片段：

咨询师：你刚刚提到你对考研本身还是很担心哈？

来访者：肯定担心啊！准备了小一年的时间，从大三就开始准备，嗯，准备了这么长时间。身边其他同学大四都快找工作了，有的都签了三方协议了。我没找过工作。万一考不上，我工作也没找，我这以后咋办呀？

咨询师：嗯，是，确实也就还剩不到一个月就是考研。马上要考研了，临到头了这个压力确实可能会更大一点；尤其是像你周围的同学，有些都落定了，而你考研的不确定性还很大嘛。

来访者：嗯，确实是这样，所以想过来看看您这边能有点什么样的建议帮助到我。现在压力这样大，学习状态也不好。

咨询师：你平时就是比如说复习考研的时候状态怎样？像刚刚我看你也特别惆怅，还挠了挠头。嗯……平时复习的状态怎样啊？

来访者：呃，学习状态……有时候有点学习不进去吧。晚上睡得也不好，就挺一般的。主要还是想听听您这边有什么具体建议。

咨询师：嗯，确实，你刚才讲的有一些现实的问题，确实是蛮有挑战的嘛。就是像这种来自同辈的压力，比如周围同学好像都有着落了，像这种时候，你自己会觉得心慌吗？

来访者：偶尔想到会觉着不太平衡吧，毕竟人家都有着落了，我这考研还不知道怎么办呢，没有一个具体的结果呢——考完了也需要等很久才能出成绩。所以想看看就考研之前这段时间您怎么帮助给点建议，帮助我处理一下情绪，使我状态调整一点，（让我）能顺利地去参加这个考试。马上要考试了，不能因为我的情绪调整不好，导致学习效率不高，影响考试。

咨询师：其实，心理咨询可能很少会直接地给一些建议，我们更多地可能就是想跟你聊一聊，然后了解一下你的一些情况。很多时候可能给了建议，但是因为每个人情况不一样，所以也不一定适用。我想，对于你来说就是，你刚提到你担心你的这种情绪状态对你复习有影响，你能给我讲讲具体怎么个影响法吗?

来访者：我上您这儿来咨询，就是想看看您能不能给我点具体的建议。您在心理上是比较专业的，可以让我压力不这么大、不这么焦虑。您肯定这方面比我专业吧，看看有什么好办法能帮助到我?

咨询师：嗯，是这样，咨询嘛，本来也就是互相商量，然后找一找，根据你现在的一些状态看有什么办法可以帮你缓解一下。但是，可能前期还是要对你有一个了解，比如你说的这些情绪是什么。没有这个了解，建议也不好给。

来访者：刚才您问了一大堆了，我感觉我说得也挺详细的。您要是给不了我建议，我就撤了——我的时间也挺紧张的啊。如果您解决不了问题，我就不跟您在这浪费时间了。

针对上述受督者，在应用胜任力督导模型时，首先需要对督导双方的胜任力进行评估，包括督导师对督导胜任力的自我评估、对受督者胜任力的评估。从发展水平看，受督者目前处于“实习准备”阶段。从受督者所提供的逐字稿以及所提出的督导问题来看，受督者所面临的困难集中体现在基础性胜任力中的关系维度，包括倾听、共情的能力以及协商差异、处理冲突的能力这两方面。按照督导工作学习环，受督者提供了实际的服务，带来了咨询对话逐字稿，督导师和受督者一起回顾这一督导片段，进入学习环的观察阶段。下一步就是进入反思阶段。在督导过程中，督导师可以通过询问受督者在被要求提供建议时的想法和感受，以及每一次回应背后的考虑，对咨询这一过程进行反思，之后对受督者的自我反思和自我觉察能力进行评估，并反馈给受督者。

依据胜任力模型，在督导过程中重要的是发展与受督者协同合作的工作方式，并建立清晰一致的督导目标。在这个案例中，一方面，受督者并没有直接提供明确的建议，并且多次试图向来访者进行心理教育、解释说明心理咨询的一般过程等，反映出其对咨询中使用建议和指导的审慎态度。但是另一方面，受督者似乎有点忽视来访者索要建议背后的情绪情感。在督导过程中，可以有意识地询问受督者在咨询过程中被要求给建议时的想法和感受，并邀请受督者思考和理解来访者为什么会锲而不舍地索取建议，以此来启发受督者更好地体会来访者的情绪感受。

当受督者的注意力从事件转移到情感层面之后，进一步与其探讨如何去探索来访者的情绪感受、需要什么样的咨询技巧以及如何使用。在督导过程中可以通过示范、角色扮演等方式帮助受督者进行演练，从而帮助其发展基础性胜任力。在这个过程中，可以直接提供过程性的反馈和评价，与受督者共同制定发展这些胜任力的计划，并商讨在下一次咨询中如何工作，也就是进入了督导学习环的第五个方面。

总之，督导理论模型为督导师开展督导工作提供了可参考的“地图”，既有利于确定督导目标，也具有达到目标的思路与路径。就像越来越多的心理咨询师、治疗师采取整合的心理咨询与治疗的理论和方法一样，在督导实践过程中，对不同的督导理论模型进行整合也逐渐成为一种趋势。可能有的督导师先依据发展理论模型对受督者进行发展层次的评估，又选取督导师的某一角色，针对受督者特定的专业胜任力如个案概念化，采取适宜其发展水平的督导，同时也会注意督导工作联盟对督导效果的影响。当然，这些跨心理咨询与治疗理论流派的督导理论模型，也常常会被整合到基于某一心理咨询与治疗理论的督导理论模型中，如将区辨模型整合到认知行为治疗、人本主义督导模型中等。

随着督导经验的不断积累，相信督导师会逐步发展出自己独特的整合视角，形成个人的督导风格；而针对每一名受督者，也会依据受督者的实际需要，进行个性化的督导。除了本书介绍的几种督导理论模型外，国外一些学者也从不同角度构建了相应的模型，例如系统方法模型、督导任务模型、共同因素模型等。中国台湾学者萧文教授还提出了循环督导模型。令人期待的是，在中国督导师不断探索、实践、积累下，涌现出更多依据自身经验或以中国文化为基础的督导理论模型。

基本概念

1. 督导理论模型：指为督导师开展督导工作提供所需的视角和框架，对于如何督导有其明确的理论观点以及相应的方法。

2. 心理咨询人员的专业发展：指心理咨询人员要经历一系列性质各不相同的发展阶段，而各阶段所体现的性质是依据心理咨询师个人或者专业上的一些特点来确定的。

3. 督导师角色：指督导师根据受督者在某一领域的能力，如干预技术、个案概念化以及个性化等，为达到他们的督导目标必须选择的一类角色。这类角色主要包括教师、咨询师、顾问。

4. 平行系统：一个是由受督者（咨询师）与来访者形成的咨询系统，另一个是由督导师与受督者形成的督导系统，两个系统会相互作用和影响。

5. 基于胜任力的督导：既强调督导师要具备督导胜任力，也强调督导师要帮助受督者达到胜任力标准。

本章要点

1. 督导理论模型分为两类，一类为基于心理咨询与治疗理论的督导理论模型，另一类为跨心理咨询与治疗理论的督导理论模型。跨心理咨询与治疗理论的督导理论模型是指适合所有心理咨询与治疗专业活动的督导理论模型。跨流派的督导理论模型按聚焦于不同的关注点也有不同的划分。

2. 发展理论模型依据两个基本假设开展督导工作：一个假设是在提高能力的过程中，受督者要经历一系列性质各不相同的阶段；另一个假设是要根据不同阶段提供不同的督导环境，采取不同的督导方式。

3. 区辨模型作为一种社会角色模型，提出了督导的三个关注点以及三种督导师角色。关注点即督导师关注的受督者的技能，包括干预技能、概念化技能、个性化技能，督导师的三个角色为教师、咨询师和顾问。三个关注点和三个角色形成了九种督导方式。

4. 在七眼模型中，督导师的工作聚焦于七个方面，即来访者、受督者、来访者与受督者的关系、受督者的干预活动、督导师与受督者的关系、督导师的干预活动、督导师与来访者的隐性关系，以及组织与社会文化因素等背景，体现了一种综合性督导特点。

5. 基于胜任力的督导是一种元理论方法，它注重胜任力评估、督导联盟以及反思性实践，透过学习环的五个方面针对受督者的胜任力进行灵活的督导。

复习思考题

1. 整合发展模型对咨询师的发展水平的划分主要依据哪几个方面?

2. 区辨模型中，督导师的咨询师角色该如何理解?

3. 七眼模型的主要特点是什么?

4. 如何理解督导胜任力模型对督导师胜任力的要求以及对督导效果的影响?

第三章

督导评估

本章视频导读

学习目标

1. 了解督导评估的标准。
2. 能根据受督者特点制定评估标准。
3. 理解不同类别的评估方式。
4. 能根据需要选择适当的评估方式。
5. 能适当地实施督导评估。

本章导读

Y是一名心理动力学取向的实习督导师，他在参加督导培训的时候学习到督导评估的概念。他很纳闷：什么叫督导评估？为什么要评估呢？督导不就是每次和受督者讨论个案，教受督者运用心理动力学的方法进行心理咨询吗？只要最终帮到对方，不就行了吗？

Y有一名受督者，Y和他合作了很长时间。一直以来，Y都听受督者汇报个案，并且根据受督者提交的报告来提出督导建议。但他觉得好像效果渐渐没有之前那么显著了。每次受督者都会说他按照督导建议做了，他能胜任这个部分，可效果却一般。Y 询问他具体是怎么做的，受督者却说不清楚。Y 感到很困惑，他感到也许需要更直接地观察受督者的工作。他觉得受督者在基础胜任力方面存在问题，不过他不知道怎么和受督者说。有时候想向受督者表达一些负面的反馈，他总是感到紧张和不好意思，说出来的话没能表达清楚。

在实习督导师阶段通常很容易出现以上这些困惑。以往有些督导过于依赖案例报告，过于重视流派的学习和案例的讨论，但对于受督者的胜任力缺少关注，更不用提评估的意识。这使得督导沦为案例讨论，受督者除了特定流派个案概念化之外的胜任力很难被关注和讨论。有些实习督导师还会害怕对受督者进行评估及反馈。

在本章可以学习到督导评估的标准、督导评估的方式和工具以及督导评估的过程。

督导是由一名高资历的专业人员为同专业内下级或初级人员所提供的一种干预。这种关系是：评价性的，有等级的，需要持续一定的时间，并且对即将进入本专业的人员进行评价和严格把关。在这个定义下，评估是临床督导的核心。

督导评估不应该是督导即将结束时才实施的一项任务，它更应该被看作一个过程，这个过程包括设定督导目标、在督导的过程中不断地反馈，以及在最后进行总结性评估。评估是行业守门人的具体体现。督导师通过评估来识别不够胜任的受督者（Bernard，2005）。

长久以来，我国没有形成完善的临床与咨询心理学历教育，也没有受法律保护的心理学家的行业执照系统。多年来，督导不被重视，或者即使参与了督导，督导双方也不重视评估。然而，随着行业的发展，督导越来越受重视，但是人们对于评估还是没有太多的意识。虽然我国的督导体系目前还不具备完善的“行业守门人”作用，但评估毫无疑问是临床督导的基础和核心。在督导中做好评估可以为督导指明方向并使双方都获得满意。

第一节 督导评估的标准

一、督导评估标准与督导目标

（一）评估标准定义及其与督导目标的关系

督导评估必定需要有标准。在西方的临床心理学学历教育体系中，评估标准指的是受督者要进入下一阶段学习前必须获得并胜任的技能、知识和相关能力。另外，评估标准也可以是受督者想要在职业发展中达到的一系列目标（Bernard & Goodyear，2019）。

因此，要做好督导评估，必须和受督者认真地讨论所要达到的督导目标。督导目标需要具体、可评估，并在督导开始前就商讨好如何进行评估，会使用什么评估工具。最关键的是确定在督导中要聚焦的知识、技能和态度。督导师要考虑到受督者所在机构的服务要求，同时要清楚哪些胜任力和受督者的临床实践领域相关。要确保所评估的胜任力和受督者现实的工作要求紧密相关。

一旦确定与督导目标有关的胜任力，督导就要聚焦在这些方面，评估也要围绕这些目标（见表 3－1）。比如，如果督导目标包括提升评估会谈或者摄入性会谈的胜任力，那么督导中就要关注受督者的倾听技能、对诊断系统的熟悉度以及人际技能。像这样去分解和确认某种胜任力的组成成分，使它们能够被操作化定义、被测量和被评估，可以让督导师提供更精确的反馈，而且有助于督导双方运用学习策略去强化学习效果、逐渐提升技能或者补充缺失的知识。

表 3－1 一位心理咨询师的督导目标及其对应的评估标准

督导目标	评估标准
学会工作诊断与评估	根据个案情况识别 ICD-11 标准
巩固并提高共情、倾听等基本技能	在会谈中展示这些技能
提高对焦虑的干预能力	1. 结合个案讲出焦虑的心理病理学特点 2. 专业地实施干预策略

（二）评估标准的个性化

不同受督者会有不同的督导目标，相应地，督导评估的标准也是个性化的。这种个性化体现在督导师和受督者要合作商讨督导目标，从而确定要评估的胜任力领域及其相应的标准。督导师不是强行要求受督者选择某些评估标准，相反，可以将受督者胜任力自我评估、自我报告与受督者专业发展阶段相结合，最终确定适合受督者的评估标准。督导目标需要在督导协议中予以明确，这部分将在本章第三节中详细展开。

二、督导评估标准与胜任力基准

（一）跨流派的胜任力基准

美国心理学会的教育事务委员会（Board of Educational Affairs，BEA）和培训委员会的常务委员会（Councils of Chairs of Training Councils，CCTC）共同召集成立了胜任力评估基准工作组（Assessment of Competency Benchmarks Work Group），根据胜任力立方体模型（Rodolfa et al.，2005）制定出了心理治疗和心理咨询领域的核心胜任力基准（Fouad et al.，2009）。为了使胜任力基准更容易实施，另一个工作组又在2011年对其修订（APA，2011）并在随后公布（Hatcher et al.，2013）。这个版本确定了6个胜任力类别，分别是专业性、关系、科学、应用、教育、体系，一共有16种胜任力分布在这些类别中。该版本还对胜任力基准表进行了简化，将原来表中的“行为锚”作为附件以供参照。

这个版本中，胜任力基准分为两个部分：一是基础胜任力，包括专业性、关系、科学三个类别；二是功能胜任力，包括应用、教育与体系三个类别。每个类别下又有一种或多种核心胜任力，基本结构见表3-2。

表3-2 美国心理学会修订后胜任力基准的结构

	类别	核心胜任力
基础胜任力	专业性	专业价值观和态度
		个体和文化多样性
		伦理—法律的标准规范
		反思性实践/自我评估/自我关照

续表

	类别	核心胜任力
基础胜任力	关系	关系
	科学	科学知识和方法
		研究/评价
功能胜任力	应用	循证实践
		评估
		干预
		咨商
	教育	教学
		督导
	体系	跨学科体系
		管理—行政
		倡导

要注意，这些胜任力基准是根据美国的情况制定的，和中国的情况及文化可能不同。比如，我国目前没有完备的学历教育下的临床心理学家的培养体系和执照体系，因此我们还没有非常明确地规定见习、实习的严格要求①，可能一位心理咨询师没有经过见习或实习环节就直接开始执业。但任何国家对心理健康行业从业者要具备一定的胜任力这一要求是共通的，依据受督者发展水平制定相应的胜任力基准也是一项普遍的原则。因此，这类胜任力基准是重要的督导评估标准，仍然可以给予临床督导很多参考。

我国台湾地区参照美国的标准制定了自己的胜任力基准（林家兴，黄佩娟，2013），包括评估诊断与概念化胜任力、干预胜任力、咨商胜任力、研究与评价胜任力、督导胜任力以及管理胜任力等 6 个胜任力类别，包含 13 种胜任力和 60 个胜任力指标（见表 3－3）。

① 美国临床心理学家的培养比较像医学培养模式，要经历见习（practicum）和实习（internship）的实务训练，达到相应的标准，同时完成毕业论文，才能够获得博士学位；然后还需要从事 1～2 年的督导下的实务工作，才可以申请报考执业的执照，获得执照后才可以独立接个案。

表 3-3 我国台湾地区的心理师胜任力指标

评估诊断与概念化胜任力	心理评估与测验
	心理疾病诊断
	个案概念化
干预胜任力	干预技能
	干预效能评估
咨商胜任力	咨商技能
	转介技能
研究与评价胜任力	研究能力
	评价能力
督导胜任力	督导关系与目标
	督导技能
管理胜任力	行政管理
	机构经营

对受督者评估和把关的核心就是看其是否达到当前发展水平下的胜任力标准。因此，督导师可以利用胜任力基准表和受督者一起讨论督导所针对的胜任力。比如，受督者可以借助胜任力基准表中的行为锚来进行自我评估，看自己是否在行为上表现出某类胜任力。通过这种自我评估，受督者可能对自己的胜任力有所了解，也更清楚地知道与督导师工作时的目标。在督导时可以将胜任力基准表中的部分内容分享给受督者，让其对自己进行评估，决定在督导中关注的优先顺序。随着督导推进，督导师可以根据需要来调整，并和受督者讨论。

（二）跨流派的胜任力与特定流派胜任力的关系

除了跨流派的胜任力基准之外，基于心理治疗模型的督导往往会有自己的胜任力标准。这里以认知行为治疗督导为例。2007 年，英国卫生部出版了《为抑郁症和焦虑障碍患者提供有效的认知行为治疗所需的胜任力》(Roth & Pilling，2007)，目的是确保那些能提供有效的循证心理治疗的、有胜任力的专业人员的可获得性。罗斯（Roth）和皮林（Pilling）确定了哪些活动能体现出有效的认知行为治疗干预的特征，并绘制成一幅胜任力地图来加以描述。这些胜任力包括：

1. 一般的心理治疗胜任力
   1.1　对心理健康问题的知识认知与理解
   1.2　知道并具有在专业与伦理规范内开展工作的能力
   1.3　知道一种治疗的模型，并能在实践中理解和运用该模型
   1.4　具有让来访者参与的能力
   1.5　能够保持或加强良好的治疗关系并且理解来访者的看法和世界观
   1.6　能够管理会谈中的情绪性内容
   1.7　能够管理会谈的结束
   1.8　能够进行总体评估（收集相关历史，确认是否适宜进行干预）
   1.9　利用督导的能力
2. 合作实施认知行为治疗的胜任力
   2.1　基本的认知行为治疗胜任力
      2.1.1　认知行为治疗原则和治疗原理的基本知识
      2.1.2　认知行为治疗中常见认知偏差的基本知识
      2.1.3　安全行为作用的基本知识
      2.1.4　向来访者解释并演示原理的能力
      2.1.5　达成一致的干预目标的能力
      2.1.6　将会谈结构化的能力
      2.1.7　运用测验和自我监测来指导治疗和监测效果的能力
      2.1.8　理解来访者症状维持的循环，并据此来设定目标的能力
      2.1.9　问题解决的能力
      2.1.10　有计划地结束治疗并计划长期效果保持的能力
   2.2　特定的行为与认知干预技术
      2.2.1　暴露技术
      2.2.2　放松和紧张技术
      2.2.3　活动监测与规划技术
      2.2.4　引导发现和苏格拉底式提问技术
      2.2.5　概念化并发展治疗计划的能力

2.2.6 理解来访者内心世界及其对治疗的反应的能力

2.3 针对特定问题的胜任力

2.3.1 特定恐惧症的治疗胜任力

2.3.2 社交焦虑症的治疗胜任力（Heimberg 模型，Barlow 模型）

2.3.3 惊恐障碍的治疗胜任力（Clark 模型，Barlow 模型）

2.3.4 强迫障碍的治疗胜任力（Steketee/ Kozac/Foa 模型）

2.3.5 广泛性焦虑的治疗胜任力（Borkovec 模型，Dugas/ Ladouceur 模型，Zinbarg/Craske/ Barlow 模型）

2.3.6 创伤后应激障碍的治疗胜任力（Foa/Rothbaum 模型，Resick 模型，Ehlers 模型）

2.3.7 抑郁—高强度干预（Beck 认知治疗，Jacobson 行为激活）

2.3.8 抑郁—低强度干预（行为激活、引导下的自助认知行为治疗）

2.4 元胜任力

2.4.1 一般元胜任力

2.4.2 认知行为治疗特定的元胜任力

可以看出，各个流派（以认知行为治疗为例）的胜任力模型是以跨流派的胜任力模型的基本理念和内容范畴为基础的，只是特定流派的胜任力模型与它们自己的理论概念和框架更加切合，并且在此基础上，根据流派特点进行一定程度的调整。可以说，特定流派胜任力模型是跨流派胜任力模型的具体应用和扩展，两者不但不矛盾，反而可以很好地融合在一起。比如，跨流派胜任力模型中关于“干预”胜任力有一条“干预的实施”，其对准备执业的受督者的要求是“能够使用符合实证模型的干预措施并根据使用情况灵活调整，能够独立且有效地实施一种适合实践设置的典型干预策略”。这一条关于胜任力和认知行为治疗的理论概念与框架结合后就表现为“能运用认知行为治疗的实证干预模型来干预不同的心理障碍”。无论何种胜任力模型，都是要运用胜任力基准形成个性化的督导的评估标准。

三、督导评估标准的制定

（一）根据受督者特点制定评估标准

虽然胜任力基准表是很好的督导评估标准，但是在使用的时候并不容易，比如很难对所有胜任力进行评估。而且将胜任力分成众多小部分，虽然给了我们督导的方向，但也很容易让受督者感到应接不暇甚至混乱。胜任力说明受督者需要达到什么样的标准，但并没有规定如何达到这些标准，因此督导师要结合受督者的特点引领整个学习过程。

除了明确评估标准之外，督导师还必须做出决策——在一个时间周期内（比如前 10 次督导）哪些标准优先（Bernard & Goodyear，2019）。尽管受督者需要一种综合性的评估标准来督导，但督导师要根据受督者的发展阶段来针对胜任力开展工作。比如，如果受督者是新手，督导师采纳人际关系胜任力中的“倾听、对他人共情”的行为锚来进行评估是很合适的，可以给受督者布置一些倾听和共情的任务或演练。此时，其他的胜任力可以暂时放后，直到这部分的训练完成。督导师要思考受督者如何看待胜任力提高并将其转化为一种可工作的框架，并根据督导的区辨模型（Bernard，1979）、根据受督者的发展阶段采用不同的角色，这样督导才能真正让受督者受益。

（二）评估标准制定的四个步骤

从应用胜任力基准表到形成个性化的督导评估标准，还有一段距离。Hatcher 等（2013）对如何使用胜任力基准表做了说明。虽然他们是以培训项目举例，但同样适用于督导。根据他们的建议，可以通过四个步骤来应用胜任力基准表形成督导的评估标准。接下来，我们将以两个案例来理解如何应用胜任力基准表。

案例一中，A 是在校硕士生，主修临床与咨询心理学，该专业以培养胜任的心理咨询师为目标，其培养方案要求学生在督导下完成一定的咨询实习。案例二中，B 是心理学硕士学位获得者，毕业之后已经在高校心理咨询中心从业六年，目前积累了一定的经验，准备在今后个人执业。B 之前学习心理动力学，目前正在接受认知行为治疗的培训，并希望接受这个理论取向的督导。这两个案例均可以使用胜任力基准来形成评估标准。

第一步：选择与督导目标一致的胜任力类别。临床督导会有不同的设置。不同设置下的督导对受督者的训练要求是不一样的。督导师将胜任力基准表分别分享给 A 和 B，并和他们讨论他们所在机构和他们自己的需求。A 的学校希望培养潜在的心理学家，即让学生有一定的研究能力，也有较强的循证实践能力，因此督导师在和受督者讨论之后，选择了所有六个类别作为工作的范围。B 寻求督导更多的是个人行为，但认知行为治疗的培训项目有一定的培训要求，认知行为治疗的很多干预技术就是来自循证研究，因此这次督导将“应用”放在重要的位置。与此同时，B 目前专注于提供心理咨询而不是提供培训或督导，因此排除了“教育”这个类别。B 还想学习如何在个人执业时管理自己所建立的机构，想选择“体系”类别。但认知行为治疗培训项目并未设置这个培训目标，因此建议她通过其他渠道进行学习而不是在这次督导中学习。

第二步：在每个类别中确定核心胜任力及其关键点。A 和 B 都选择了专业性和关系下的所有核心胜任力，认为这两方面都非常重要。A 的督导设置要求其选择“科学”类别下的所有胜任力。而 B 专注于实践，目前不考虑“研究/评价”胜任力。另外，A 在这个阶段，还不需要发展“教学”和“咨商”胜任力，但培养方案要求他开始形成“跨学科体系”胜任力。

第三步：选择或修改行为锚以匹配所选的胜任力。可以根据受督者的发展水平选择某一核心胜任力对应的行为锚，也可以根据受督者、项目及前期所在机构的特殊要求来更改或添加行为锚。比如在“科学知识和方法”胜任力下，A 所在学校尤其希望学生养成在实践中运用科学文献的意识和能力，因此“在遇到困难时能够主动搜索对应的科学研究文献”可以作为一个行为锚；B 本来就在参加认知行为治疗的培训项目，她更希望学习到认知行为治疗的干预技术，因此在“干预”胜任力下可以更聚焦于认知行为治疗的技术锚，比如“展现出使用苏格拉底式提问的技术”“展现出引出关键认知和关键行为的技术”。

第四步：确定每一种胜任力的评估标准。这一步要形成一项个性化的可操作的评估标准。这项标准可以让督导师对受督者的每一项胜任力进行评分。可以将第三步找出来的行为锚进行综合以形成标准，与此同时，还需要考虑受督者和机构的特点。比如，同样是“干预胜任力”，A 的培养方案可能要求督导更聚焦在评估和工作诊断上，因为临床心理学干预和研究需要以评估和工作诊断为基础；而 B 的督导在这方面的评估标准可能不如 A 那么严格。

从以上的例子可以看到，评估标准并不是随性而定，而是根据所在机构、项目或背景以及受督者特点、需要等，多方面综合、权衡之后形成的。胜任力基准表的运用也是灵活的，可以贴合任何培训目标、任何一项基于某理论取向的督导。另外，需要注意的是，督导师的所有工作都要在与受督者的良好督导关系下进行，要考虑选择哪些评估标准会有利于达成督导目标，要充分让受督者发声，而不是由督导师自己武断决定。

第二节 督导评估的方式与工具

一、督导评估方式的多样化

督导评估的方式有许多种，有利用咨询过程记录、受督者自我报告、会谈音频和录像或现场督导等，不同的方式也会给评估带来不同的影响。美国心理学会的一个工作组总结了各种方式在胜任力评估上的应用（Kaslow et al.，2009），本书选取督导中常用的几种评估方式进行介绍。

（一）案例报告评议

案例报告评议在督导中是很常见的做法，它通常被看作一种督导的方式，其实也是一种评估方式。在案例报告中，受督者呈现来访者或者来访者所处系统的特征、评估方法、干预计划、干预实施和结果（Petti & Patrick，2008）。督导师评估案例报告，且评估受督者对来访者及其系统的理解、理论和循证依据的应用、干预的实施和个人反应。

案例报告评议从确定要评估哪些胜任力开始。督导师应该向受督者提供一个框架，比如以书面方式按照以下类别陈述和讨论案例，通常包括：来访者及其系统的背景信息；呈现的问题；历史；精神状态；

评估；概念化；干预计划和实施；未来的计划；参考文献；等等。在评估期间，受督者汇报案例，督导师和受督者互动并采用一些评估工具来完成评估。

在与来访者互动的过程中，评估员能够听到被评估者描述知识、应用、技能和价值。它们提供了一种评估语言和非语言交流的方法。这种方法在大多数上下文中提供了一种熟悉的方法。案例回顾展示为评估员和系统提供了一种低成本、低资源密集型和可行的方法。

这种方法可以让受督者报告他在对来访者开展工作时的知识、应用、技能和价值态度，对督导而言是低成本且可行度高的一种评估方式，可用作过程性评估（formative evaluation），也可以用作总结性评估（summative evaluation）。但它过度依赖受督者的回忆，而回忆的准确性是有疑问的。而且，它需要一定的写作与口头沟通能力。这种方式还有可能让受督者不敢将重要的细节或反思报告给督导师。

（二）根据会谈现场或会谈录制品进行评分

这种方式要求督导师直接观察受督者的会谈录音或录像，然后根据系统的胜任力标准进行评分。许多学者（Jouriles et al.，2002；Jouriles et al.，2014；Manring et al.，2003）赞成用这种方式进行评估。

具体实施时需要决定直接观察的形式，是单面镜观察、摄像头观察还是录音录像？如果确定了要评估哪些胜任力，就需要确定评分的方法。督导师必然接受过应用某种评分方法的训练，能够根据标准对不同受督者的不同表现给出可信的评分。同时，要向受督者介绍这种方式，让他们有足够的了解，并获得来访者的知情同意。

这种方式能让督导师直接观察受督者与来访者工作时的胜任力。在这种方式下，督导师需要和受督者合作观察录音录像并讨论胜任力。它能够有效地帮助评估言语和非言语的人际沟通。

这种方式在可操作性上存在一些问题。比如没有录音录像设备，或者需要额外操作设备，需要获得知情同意，可能引发受督者或来访者的阻抗或其他情绪反应。一些来访者会拒绝录制，这就会限制我们所评估的会谈样本，使评估结果难以推广到对某些来访者开展的工作中。而且，这种评估方法要求督导师在这方面受过正规训练。我国临床与咨询心理学历教育起步较晚，还没有形成通过录音录像来进行评估的习惯和规则。

（三）咨询记录评议

受督者保存的对来访者的记录，比如会谈记录、案例档案或评估方案等，都可以用作评估。督导师可以用这种方法来判断个案中是否呈现受督者的胜任力关键点及其质量。也有一些标准化的评分方法用于对咨询记录进行评分（Andrews & Burruss，2004）。如果是对少数胜任力进行过程性评估，这种方式是非常有用的。

在进行咨询记录评议的时候，明确具体的标准非常重要，这些标准要变得可操作化，比如进行编码。这样，在不同的记录和不同被评估者之间能够保持一致。需要制定特定的评估方案，并标准化地运用方案来进行系统的评估。咨询记录评议最好按一定的频次进行，督导师应能够在咨询记录中识别特定的目标要素，并评价咨询记录所呈现的指标。

咨询记录评议的成本相对较低，能让督导师了解受督者对某一个案的工作过程及其决策的记录。但这种方法涵盖不了所有的咨询进程、干预和治疗的元素，因为有可能这些元素没有被记录下来。这种方法需要对咨询记录进行提前编码，而且需要进行多次的咨询记录评议才能够给出有效的反馈（Manring et al.，2003）。

（四）受督者自评

受督者自评是指受督者自己来判断专业上自身的优势和需要改进的胜任力，加强对自身局限的觉察，决定当遇到这些局限时如何调整以及监测自己的成长（Kaslow et al.，2007）。在评估某些特定的胜任力时，这种方式有非常重要的作用（Belar et al.，2003）。

督导师需要告诉受督者自评的原理，让受督者熟悉自评的方法，理解所要评估的胜任力。受督者有必要了解将要使用的评分方法和评分机制（纸质的还是电子的）。最重要的是，他们要独自或和督导师一起反思评估的结果。自我评估获得的信息要被用来指导督导（学习）目标和行动计划的制定（Caverzagie et al.，2008）。

自我评估和他人评估相结合可以有效地引发自我反思，修正有偏差的自我评估。如果受督者接受过自我评估的训练，自我评估还会促进自我反思和反思性实践，而这些是临床从业者的终生胜任力的体现（Fletcher & Bailey，2003）。

不过，自我评估要求受督者对自己有准确的自我判断，这部分很难教学，受督者也很难学会。从哪一个参照点开始进行自我评估也很难判断。因此，自我评估的准确性时常被怀疑。特别是那些他人评分比较低的受督者倾向于在自评时高估自己的胜任力。因此，自我评估和其他评估方法一起使用效果最佳。

（五）根据来访者咨询过程和效果进行评估

能用来进行评估的来访者数据包括咨询关系测量结果、来访者自我报告的症状清单或者咨询师对来访者的评分。咨询关系测量最常见的是“工作联盟问卷”（Working Alliance Inventory）简版（Hatcher & Gillaspy，2006），它可以用于测试受督者和来访者之间的工作联盟。症状清单、评分表和诊断面谈则可以用于评估来访者的主观痛苦程度、精神症状和功能受损程度、优势和进展，这些都可以作为咨询效果的佐证。

这种方法首先需要决定用什么测量，以及评估在什么时间点进行最合适。这些数据的收集要向来访者充分说明原因，最后将这些数据用在提高心理服务的质量上。

这种方法简便易行，可以将一些广泛使用的、标准化的、有效的工具整合进来，但是也有可能让来访者产生阻抗，使他们不愿意参加。而且由于来访者社会赞许效应、移情等的存在，收集到的数据有可能失真。

（六）来访者满意度调查

这种方法聚焦于来访者对服务的满意度，评估的是专业服务在多大程度上满足了来访者的期待，反映了来访者对受督者胜任力的观点，可以用来评估总体胜任力或者某些胜任力关键要素。

首先需要确定要评估的胜任力，以及调查的方式（电话、当面还是邮件）和调查的时间点。从来访者处获得反馈后，可以将反馈告知受督者。目前已经有一些医生用的调查表，可以将其修订后供心理咨询师使用

(Evans et al., 2004)

来访者满意度调查成本不高，容易实施，所获得的数据可以表现出来访者对和咨询师关系的看法。不过，也存在一些问题，比如：让来访者参与填写调查表会有困难；来访者文化水平较低；难以获得足够多的调查表来得出可信的评估结果；难以将受督者个人对来访者的影响和机构及团队对来访者的影响区分开来；来访者会有社会赞许效应和移情反应；反馈给受督者后，可能让受督者发声阻抗而不是胜任力提高；而且满意度并不等于胜任力，如何将满意度的评估转化为胜任力也是个问题。

二、督导评估方式和工具的选择

（一）根据需要选择评估方式

督导评估方式如此多元，每种方式都有优缺点。我们如何选择评估方式和工具呢？有研究者提出根据受督者发展阶段以及相对应的胜任力基准选择最恰当的评估方式（Kaslow et al., 2009）。在督导中常用的几种评估方式可以在表 3-4 中看到。

表 3-4 常用的督导评估方式及其有效评估的胜任力

方式	用于评估总体胜任力	用于评估具体胜任力	过程性评估或总结性评估	发展水平
案例报告评议	基础胜任力 ● 伦理—法律的标准规范 功能胜任力 ● 干预	基础胜任力 ● 专业性 ● 反思性实践 ● 科学知识和方法 ● 关系 ● 个体和文化多样性 ● 跨学科体系 功能胜任力 ● 评估 ● 咨商 ● 督导 ● 评价	过程性评估 总结性评估	准备实习 准备执业 高级认证

续表

方式	用于评估总体胜任力	用于评估具体胜任力	过程性评估或总结性评估	发展水平
根据会谈现场或会谈录制品进行评分	基础胜任力 ● 关系 ● 个体和文化多样性 ● 跨学科体系 功能胜任力 ● 咨商 ● 管理	基础胜任力 ● 专业性 ● 科学知识和方法 ● 伦理—法律的标准规范 功能胜任力 ● 评估 ● 干预 ● 研究与评价 ● 督导 ● 教学	过程性评估 总结性评估	准备见习 准备实习 准备执业 高级认证
咨询记录评议	无	基础胜任力 ● 专业性 ● 伦理—法律的标准规范 功能胜任力 ● 评估 ● 干预 ● 咨商 ● 督导	过程性评估	准备实习 准备执业 高级认证
受督者自评	基础胜任力 ● 反思性实践 ● 个体和文化多样性 ● 伦理—法律的标准规范 ● 跨学科体系 功能胜任力 ● 督导 ● 管理 ● 倡导	基础胜任力 ● 专业性 ● 科学知识和方法 ● 关系 功能胜任力 ● 评估 ● 干预 ● 咨商 ● 研究与评价 ● 教学	过程性评估	准备见习 准备实习 准备执业 高级认证
根据来访者过程和效果数据进行评估	基础胜任力 ● 专业性 ● 关系 ● 个体和文化多样性	基础胜任力 ● 伦理—法律的标准规范 功能胜任力 ● 评估 ● 干预 ● 咨商	过程性评估	准备实习 准备执业 高级认证

续表

方式	用于评估总体胜任力	用于评估具体胜任力	过程性评估或总结性评估	发展水平
来访者满意度调查	基础胜任力 ● 专业性 ● 关系 ● 个体和文化多样性 功能胜任力 ● 督导 ● 管理 ● 倡导	基础胜任力 ● 科学知识和方法 ● 伦理—法律的标准规范 ● 跨学科体系 功能胜任力 ● 评估 ● 干预 ● 咨商 ● 教学	过程性评估 总结性评估	准备实习 准备执业 高级认证

资料来源：Kaslow, N. J., Grus, C. L., Campbell, L. F., Fouad, N. A., Hatcher, R. L., Rodolfa, E. R. (2009). Competency assessment toolkit for professional psychology. Training and Education in Professional Psychology, 3 (4, Suppl), S27-S45.

从表 3-4 中可以看出，每种评估方式都不可能覆盖所有的胜任力，往往需要采用多种方式才能得出更准确的评估结果。比如，如果督导师只采用案例报告的方式进行评估，他可以细致地看到案例报告是否体现专业性、受督者的反思性实践如何、受督者有没有基于科学知识和方法开展工作、受督者对关系和文化多样性的总体把握如何，也可以看到受督者如何评估来访者的问题，但对于受督者的干预胜任力只能从总体上有个大概的了解，因为案例报告体现不出受督者干预的具体过程。同样，如果督导师只根据会谈现场或会谈录制品进行评分，因为录音录像的内容只是某一次会谈，对关系、个体和文化多样性胜任力只能进行总体评估，对反思性实践、跨学科体系、研究等胜任力则很难进行评估。

此外，过程性评估和总结性评估对评估方式的要求也是不同的。有些评估方式更适合过程性评估，比如受督者自评、咨询记录评议。有些则既可以用于过程性评估也可以用于总结性评估，如案例报告评议或根据会谈现场或会谈录制品进行评分。关于过程性评估和总结性评估，我们会在本章第三节进一步介绍。

（二）根据需要选择评估工具

不管用何种方式，最终都需要一些工具来辅助我们实施评估。督导评估工具的数量非常多，有些督导师或者机构会根据需求自制一些李克特式的量表来实施评估。这些工具可以让受督者看到自己的进步以及有待成长的空间。但如果工具的使用脱离了督导的目标和过程，就可能显得奇怪和多余。

表 3-5 是常见的一种评估用李克特量表，具体应用时可以根据所要评估的胜任力进行修改。

表 3-5 常见的督导评估简易李克特量表

项目	表现比其他治疗师差很多	表现比其他治疗师差一些	表现和其他治疗师相当	表现比其他治疗师好一些	表现比其他治疗师好很多	没有机会观察到
理论框架内对个案进行概念化的能力	1	2	3	4	5	N/O
与来访者发展的工作同盟的质量	1	2	3	4	5	N/O
对自身工作的整体自我意识和反思能力	1	2	3	4	5	N/O
用自己偏好的理论框架对来访者进行干预的能力	1	2	3	4	5	N/O

要加强督导评估实践的科学性，就要求评估工具不是随便编制的，而是具有一定的信效度。但很多评估工具在这一方面有所欠缺，因此使用起来要特别注意。比如，督导师将李克特量表结果反馈给受督者的时候，需要额外地帮助受督者理解反馈的具体含义。督导师要确定什么分数对受督者来说是一个积极的分数，还要明确什么样的表现是在一般标准以上的，而什么样的表现是偏下的。如果一名受督者非常优秀，督导师或机构所

编制和使用的李克特量表要能够将这一特点反映出来，并有一定的区分度。一些机构或督导师可能在使用李克特量表时有独特的规定，比如受督者在课程过半之前不能评 4 分以上。如果有这些规定，需要向受督者充分说明。

由于单纯的李克特量表存在主观性过强的特点，目前的评估工具越来越多地使用"锚定的具体提示"（anchored rubrics）（Hanna & Smith，2011）。比如本章提到的胜任力基准表中的行为锚。这种方法能让督导双方都知道什么是"比别人好一些"或者"比别人好很多"，而不是简单地用 4 分或者 5 分来表示。它能给受督者更多的信息，即在现在所处的发展阶段，他们的表现有没有达到预期的行为标准；也指引了受督者未来发展的方向。"锚定的具体提示"可以是概括的，也可以是更加细致的——细致到根据受督者的某一项行为有没有发生来进行评定。胜任力基准评分表（APA，2012）就是一种典型的运用"锚定的具体提示"的评估工具，在使用时，先确定受督者的发展水平和需要评估的胜任力，然后可以参考评分表附件中的行为锚做出评分。在基于流派的督导评估中也有这样的评估工具，如对认知行为治疗胜任力进行评估时，会使用认知治疗评分表修订版（Cognitive Therapy Scale-Revised，CTS-R）。该评估表中的每一个分数都有对应的明确描述，大大方便了评估的实施（James et al.，2000）。

此外，正如上文所说，根据来访者过程和效果数据进行评估是一种重要的评估方式。督导师要重视咨询对来访者的效果，并将其作为督导评估的一部分。获得来访者效果可采用的工具包括来访者对咨询评分表（Frey et al.，2009）、咨询效果评定量表（Outcome Rating Scale，ORS）及会谈评定量表（Session Rating Scale，SRS）（Miller et al.，2010）。

其中，ORS 和 SRS 由于其简短便利的特点，很适合常规性地监测咨询效果和咨询联盟。目前，两者都有中文版，且咨询效果评定量表已经在中国大学生群体中进行了信效度检验（佘壮等，2017）。督导师可以利用它们获得有关咨询效果和咨询联盟的进展。这两个量表[①]均由 4 个题目组成，由常用的咨询效果问卷 OQ-45（Lambert et al.，1996）改编而来。它们的

① ORS 和 SRS 可在 https：//store. scottdmiller. com/中免费获得，仅供个人使用。

一大特点是采用线段来表示心理度量，来访者需要根据主观感受在线段上画出位置，再由咨询师用尺子测量来获得数据。现在，它们也有智能手机或平板电脑助力。量表的具体结构和功能见表 3-6。

表 3-6 咨询效果评定量表和会谈评定量表的结构、功能及其运用

量表名称	项目	功能	督导中的运用
效果评定量表（ORS）	身心健康	监测咨询效果	督导师指导受督者关注来访者关于咨询效果和咨询联盟的反馈，在督导中询问并运用有关来访者反馈的信息做出督导评估和反馈。
	人际关系		
	生活社交		
	整体幸福感		
会谈评定量表（SRS）	与咨询师的关系	监测咨询联盟	
	会谈目标与内容		
	会谈方式		
	整体		

收集关于效果的数据，最重要的是督导师将咨询效果的因素纳入督导及督导评估中，及时将有关效果的反馈告知受督者。在有效的督导中，有关咨询效果的反馈是非常重要的一环。

总之，在选取评估工具时，督导师要明确某一工具是否符合督导标准，要考虑何时向受督者介绍这种工具、如何介绍这种工具，要告知受督者这种工具是用在过程性评估中还是用在总结性评估中。督导师要将评估工具及其运用作为督导的有机组成，利用它达到督导目标而不是仅仅填一张表之后就忘在一边。

与此同时，督导评估也是一个双向的过程，督导师可以将自己的督导工作呈现给受督者，让受督者对督导进行评估。在培养督导师的元督导（meta-supervision），即“督导之督导”时，这种评估尤其重要。常用的对督导评估的工具包括督导结果量表（Supervision Outcome Scale）（Tsong & Goodyear，2014）、督导工作联盟量表（Supervisory Working Alliance Form）（Efstation et al.，1990）以及简短便利的利兹督导联盟量表（Leeds Alliance in Supervision Scale）（Wainwright，2010）。对督导效果和督导关系的评估在本书“督导关系”一章中还会进一步提到。

第三节 督导评估过程

督导评估从选择评估标准到完成总结性评估为止。督导评估过程并不独立于督导过程，而是贯穿于临床督导当中。督导评估过程一般分为七个步骤（Bernard & Goodyear，2019），它们之间相互关联，包括：（1）协商督导协议；（2）选择督导评估方式；（3）将来访者的反馈纳入评估；（4）提供过程性反馈；（5）选择督导评估工具；（6）鼓励受督者自我评估；（7）实施正式的总结性评估。要顺利完成督导评估，还需要营造有利于督导评估的条件。由于本章第二节已经讲到了选择评估方式和工具，本节着重叙述营造督导评估的有利条件、协商督导协议、将来访者的反馈纳入评估、提供过程性反馈、鼓励受督者自我评估和提供总结性评估。

一、营造督导评估的有利条件

（一）营造督导评估有利条件的必要性

督导评估其实是督导中非常困难的部分。心理咨询或治疗非常依赖咨询师或治疗师的人际能力和直觉能力。当受督者收到督导师的评估反馈时，有时候很难分清这只是对他作为一名专业人士的评估还是对他作为一个人的评估。甚至有些督导师在进行评估时也会有很多顾虑。这些都可能影响督导的效果。有些机构（如医院、高校）要求督导师提供正式的评估及反馈。而在许多个人结成的督导关系中，督导师没有压力提供正式的评估，此时督导师对于评估及反馈可能感到更加困难。因此，有必要在督导中营造评估的有利条件。

（二）营造有利于评估的十个条件

以下是几个主要的有利条件（Bernard & Goodyear，2019）。

第一，对“督导关系是一种不平等关系”有所觉察。督导师必须记住：督导中建立的是一种不平等的关系，再多的共情也不能消除这个事实。受督者会因为督导师这个评估的角色而产生焦虑，这种焦虑会影响他们对来访者开展工作。督导师如果对受督者的感受保持敏感，就能够调节自己的行为，使评估和反馈变得富有建设性且更容易被接受。

第二，提高透明度和增强明确性。提高透明度和增强明确性有助于营造一个积极的评估环境。督导师需要对他们的临床角色以及管理角色做一个清楚的陈述。谁将知晓督导师给受督者的反馈信息？督导师是否能影响受督者在某个继续教育项目中的最终评估，是否会影响受督者加入中国心理学会临床心理学注册工作委员会，会采用什么样的督导评估方式？现在许多心理咨询平台会要求督导师给出评估，并很看重这些评估，这些都要让受督者充分意识到。

第三，应开放地讨论受督者的焦虑。至少在一开始，督导会让受督者感觉自己毫无遮掩地暴露在别人面前。这是非常自然的，受督者也会自然地防御。不同的受督者会有不同的应对方式。有些受督者能比较好地应对，有些受督者会表现得想要胜过督导师，还有些受督者会表现得脆弱和无助。督导师要在督导一开始就教受督者如何接受修正性的反馈，让受督者理解他们对反馈的负性反应来自哪里，这些反应曾经在什么时候帮助过他们，然后帮助受督者处理当下的反应。促进受督者对这些反应及其来源的觉察能让他们更好地接纳修正性反馈。

第四，应开放地讨论个体差异。如果不理解文化背景、性别、族群等个体差异，评估会受到影响。因此，督导评估一定要考虑多元文化的因素。

第五，评估应该是连续的过程，应尽可能是合作的过程。除了最基础的、必需的胜任力之外，受督者要不断思考想要在督导中学习什么。督导师要鼓励受督者在督导中表达出自己的意见。

第六，评估应该在一个强有力的管理体系内进行。不管是在教育体系内还是在工作情境中，督导师都应该认真对待评估。当督导师冒着风险给出一个负面评估结果，但是被机构的管理者否决时，这非常令人沮丧。督导师要与管理者沟通，获得支持。在管理体系的支持下进行评估，还可以有效地处理受督者对于评估结果的异议。如果不存在一个管理体系，督导师也要和受督者充分讨论进行督导评估的原因。

第七，应该尽量避免对受督者过早的、不成熟的评价。不管一位督导师是对一个还是几个人进行督导，都应注意避免对那些表现出超常潜力的人，或者是那些看上去表现不好的受督者做出过强的反应。督导师过快反应，或者过快进行评估，往往容易给那些有天分的受督者，或者是那些需要更多支持才能较好地开展工作的受督者带来严重的伤害。在团体督导中，一开始就在受督者中间进行明显的区分会削弱士气；相反，当督导师要求整个小组必须确保每个成员都获得良好的成绩时，小组气氛就会处于一种有活力、相互支持并且竞争的最佳状态。很多咨询和技术只有经过较长时间才能进行准确的评估，因此督导师要避免过早进行评估。

第八，受督者需要见证他们的督导师的职业发展过程。对督导师来说，进行这项工作的最好方法就是邀请受督者对自己进行反馈，并且很好地利用这些反馈。受督者感到他们能够为督导师提供一定的帮助时，就会感到自己的力量在增强。另外，督导师开展继续教育活动并且与受督者一起分享这个过程，可以为受督者提供一个终身职业发展的极好榜样。

第九，督导师必须密切关注督导关系。督导关系与督导的所有方面都存在相互作用。督导关系太密切或者太疏远都会使评估变得更加困难。事实上，评估促使督导师与受督者建立一种积极的、支持性的关系，这种关系不是个人的而是专业性的。如果这种关系由于任何原因而变得紧张，那么督导师就必须问自己是否还能进行足够客观的评估。

第十，督导师应该享受自己作为督导师的工作。督导评估是困难的。对于那些内心动机不怎么强烈的督导师来说，督导评估可能会成为一个巨大的负担。在这种情况下，督导师也许会欺骗受督者，给他们一个含糊的评估结果，或者回避评估责任，尤其是当评估结果对受督者不利时。如果受督者没有得到公正、正确的督导和评估，就会对行业潜在的来访者造成不良影响。

二、协商督导协议

（一）督导协议的作用和主要内容

督导协议是督导师和受督者两个职业人在专业活动中的工作契约，通常包含督导的目标、结构，督导双方的责任、义务，督导关系及如何处理争议等内容，是督导双方在专业伦理的框架下将负责任的态度和行为落实到专业工作中的体现。

督导协议的作用不仅是让受督者了解督导，也是落实知情同意、确保法律与伦理规范、确定受督者学习目标的重要方式。它是督导的开始，也是评估的开始，因为设定了督导目标，就必然有相应的评估来确定督导是否达到了目标。与受督者讨论督导协议就是评估程序的一个重要环节。

督导协议是整个督导过程的框架，整个督导过程要在共同商定的框架内进行，在督导过程中遇到的任何问题都需回到督导协议中商讨，督导协议可以随着督导进程进行修改。

督导协议的主要内容如下：

1. 督导目标
2. 督导设置
3. 费用问题
4. 评估
5. 督导双方的责任和义务
6. 督导双方的文案
7. 督导师的执业范围
8. 督导师使用的督导类型/理论取向
9. 保密原则
10. 伦理和法律问题
11. 受督者承诺遵守所有相关的伦理和法律规范
12. 如何处理督导关系冲突
13. 应急和备用方案
14. 督导方式的使用（录像/录音）
15. 如何构建每次督导过程
16. 督导师与受督者间的文化差异
17. 受督者在胜任力范围内的工作
18. 需要向相关机构报告的文书

（二）督导协议在评估中的运用

督导协议内容包含多个方面。若是规律的、规范的连续督导，不论是个体督导还是团体督导，第一次都需要作为一个重要的议题进行讨论，甚至第一次的督导会谈就是督导协议的讨论，通过协商完成督导协议的制定。如果是个体督导，基本上需要一次会谈；如果是一次性的督导，就要灵活把握，根据现实情况做出调整，但需要有意识和重视这个环节。督导协议相当于督导的设置和督导的框架，如同我们跟来访者商定的咨询设置。

督导协议需要包含个性化的要素，既要基于受督者发展水平和临床技能的评估，也要考虑受督者的学习目标。对于毫无基础的受督者，他们可能会觉得督导师为他们设定目标就可以，但在整个过程中还是要尽可能地合作。督导目标的设定与督导满意度和督导工作联盟有密切的关系（Lehrman-Waterman & Ladany，2000）。

督导协议的另一个要点是让受督者明白督导和其他学习方式的不同。督导协议要设置学习目标，描述评估的标准和胜任力，表明用什么样的督导方式和督导评估方式，描述督导的时长和频率以及如何完成总结性评估。督导协议并不是在督导开始讨论，之后就变成了一张废纸，而是随着督导的进行，督导师和受督者可以随时回到督导协议。比如，其规定的评估标准就值得督导双方周期性地回顾。也可以定期地检验督导目标的实现进展，并为下一步的学习做出计划。以下是一个督导协议的范例（Falender，2020）：

督导协议书范例[①]

Ⅰ. 督导目的

A. 监督和确保受督者的来访者的利益和安全；

B. 保证专业人员的专业能力；

C. 促进受督者职业认同和能力发展；

D. 为受督者提供评估性反馈。

---

① 湖北东方明见心理健康研究所承办的中国心理学会临床心理学注册工作委员会督导师培训项目材料，曾岑莉译，于丽霞校；英文版见 http：//www. cfalender. com/assets/final-supervision-contract. pdf。

Ⅱ. 督导结构

A. 本次培训的主要督导师是________________，每周提供______小时的督导。本次培训的授权督导师是________________________，每周提供______小时的督导。

B. 督导会谈的结构：督导师和受督者对督导的准备，督导期间的结构和过程，现场或录像观察______次每____________（时间段）。

C. 在督导期间对受督者的自我暴露需要保密限定（如督导师对研究生课程的常规报告、执照委员会、培训团队、项目主管、维护法律和道德标准）。

Ⅲ. 督导师的责任和义务

A. 承担为受督者提供服务的法律责任和义务。

B. 监督和管理来访者个案概念化和治疗计划，评估包括危机情况的干预的所有方面，警告和保护义务，法律、道德和管理标准，多样化因素，受督者对来访者的反应性和反移情的管理，对督导关系的压力，以及在受督者为来访者提供服务时是可用的。

C. 对所有报告、案例记录和交流进行审查和签字。

D. 在能力有差异的情况下维持和发展一段尊重和合作的督导关系。

E. 进行有效的督导，包括为督导和心理治疗介绍督导师的理论取向，以及保持督导和心理治疗之间的区别。

F. 帮助受督者设定和完成目标。

G. 为受督者的培训目的、任务和能力提供反馈。

H. 在______（网站或培训手册上）提供连续的督导关系的形成和结束的总结性评估。

I. 当受督者没有达到培训成功完成时的能力标准时，告知受督者，并采取补救措施来协助受督者的发展。如果受督者没有达到相应的能力水平，需要执行的过程指南应当写进______（网站或培训手册）。

J. 公开培训信息，含号码和地区的执照、专业和专业知识的领域、先前督导培训和经历，以及督导师之前曾被督导的领域。

K. 如果督导师必须取消或错过一次督导会谈，需要遵循法律标准和本合同要求重新安排时间。

L. 保留临床督导和提供服务的文献资料。

M. 如果督导师发现某一个案超出了受督者的能力，督导师可以与受督者一起作为个案的协同治疗师，或者把这一个案转介给另一位治疗师。督导师的处理取决于来访者的最佳利益。

Ⅳ. 受督者的责任和义务

A. 理解督导师对所有受督者专业实践和行为的义务（直接的和间接的）及责任。

B. 执行督导师的指令。当临床问题、关注点和错误出现时，暴露它们。

C. 识别作为受督者的来访者的状态和临床督导师的名字，描述督导结构（包括督导师使用的所有案例文献资料和记录），与督导师讨论临床工作的所有方面要获取来访者的知情同意。

D. 参加督导讨论案例时，准备完整的案例记录和个案概念化记录，来访者进展、临床和伦理问题记录，以及相关的实证研究文献。

E. 将来访者的临床相关信息告知督导师，包括来访者进展、风险情景、自我探索、受督者情绪反应或对来访者的反移情等。

F. 将督导师的反馈整合到实践中，并每周向督导师提供关于来访者和督导过程的反馈。

G. 在紧急情况下寻求和接受即时督导，督导师联系信息__________。

H. 如果受督者必须取消或错过一次督导会谈，受督者要重新安排时间以确保遵守法律标准和本合同。

本合同正式将于______________执行，同时制定具体目标（详细如下）。

我们，______________（受督者）和________________（督导师）同意遵循本督导合同中所描述的条款，并且保证我们的行为符合美国心理学会伦理道德准则和行为规范或加拿大心理学会行业道德行为准则。

督导师：　　日期：

受督者：　　日期：

合同生效时间：开始时间：__________结束时间：__________________

督导师和受督者相互确定要完成的目标和任务（完成后更新）。

目标 1：

受督者的任务

督导师的任务

目标 2：

受督者的任务

督导师的任务

三、将来访者的反馈纳入评估

为更好地进行评估，督导师可以收集来访者关于咨询效果的反馈。目前已有工具（Frey，Beesley & Liang，2009；Miller et al.，2010）越来越成熟，使得这一应用的前景大大明朗。有研究发现，持续获得来访者反馈的咨询师要比不获得反馈的咨询师咨询效果更好，前者的效果是后者的两倍（Reese et al.，2009）。在另一项研究中，咨询师使用工具来监测来访者进展产生了更好的咨询效果（Overington et al.，2015）。把来访者的反馈纳入督导是特别有用的。这些数据会影响双方在督导中讨论的主题并且能帮助识别受督者针对不同类型来访者开展工作的模式，以此来促进受督者发展。目前已经有人提出基于来访者反馈的督导（Bergmann，2017），今后这方面会受到更大的重视。前文所述的咨询效果评定量表和会谈评定量表都是用来收集来访者反馈的良好工具。总之，在督导中将来访者有关效果的数据作为评估的一部分是必要的而且符合行业的要求，因为我们所做的一切都是为了让来访者生活得更好。

四、提供过程性反馈

（一）过程性反馈的含义和作用

在教育学术语中，过程性评估是指教师、学生在教学中进行的活动，这些活动提供的信息被作为反馈来修正他们正在参与的教学和学习（Black & Wiliam，1998）。当过程性评估的信息被反馈给学习者时，这种反馈就是过程性反馈。过程性反馈是过程性评估的核心环节。反馈是指为个体提供有关他们过去的表现在数量或质量方面的信息。受督者对督导印象最深刻的往往是反馈。

对于督导师来说，提供有意义的反馈是一项需要练习的技能。过程性反馈必须包括受督者哪些方面做得好的信息，这会减轻受督者对于接收反馈的焦虑，并让他们更能吸收建设性的批评。在对咨询或治疗表现做出评论时，基于受督者表现出的优点，对一两项技能进行直接反馈。反馈与任务的表现及评估标准结合得越紧密，效果越好。

然而，对一些督导师来说，提供清晰的反馈是件困难的事情。通常来说，不愿意给反馈的原因有很多。对给出消极反馈的不适感可能源于我们自己对此的一些想法和信念。许多督导师本身缺乏一种好的示范，并且没有练习过如何熟练地做出过程性和总结性反馈。许多督导师有点担心受督者对消极反馈的反应。时间上的压力也可能带来影响。我们可能没有一种系统的方法来收集有关受督者表现的具体信息，这也会导致反馈不充分。无论是自我反思，还是与受督者一起查看反馈会谈的记录材料，抑或是与其他督导师一起进行角色扮演，都有助于提高督导师提供反馈的能力。一些因素会明显地影响督导师提供反馈，包括受督者的开放性、受督者对反馈的明确需求、督导师对提供反馈的信心（Hoffman et al.，2005）。

（二）提供过程性反馈的注意点

关于提供过程性反馈，有以下几点可以参考（Bernard & Goodyear，2019）：

（1）反馈应该要基于督导师和受督者早期讨论后决定的督导目标和评估标准。

（2）督导师要学习如何提供清晰的反馈。在给别人提供反馈之前，他们要练习并给自己反馈。

（3）根据受督者提供的材料（逐字稿、录音或录像），要经常进行反馈，反馈要基于对受督者与来访者工作的直接观察。

（4）反馈要在支持性和挑战性之间建立平衡。任何一个极端都会让受督者失望。

（5）当反馈是正确的时候，就要及时地、具体地、特定地、非评判性地、基于行为地进行。

（6）反馈针对的是受督者可以达到的胜任力范围。反馈应该是逐级的，这样既鼓励受督者发展，又不超过他的能力界限。好的反馈应基于受督者的发展水平。

（7）督导师要运用倾听技能来了解反馈是否被接受。

（8）无论督导师和受督者之间是否有显著的文化差异，都应该尽早地讨论包含文化要素的督导目标，以让受督者做好准备接受文化胜任力有关的反馈。

（9）督导师应该以专业的视角来提供反馈，而不是简单地说事实。督导师在进行过程性反馈时应该示范自我批判、灵活性和头脑风暴。

（10）督导师必须理解受督者想要真诚的反馈却又害怕它的心理。

（11）对反馈的接受与否与受督者对督导师的信任有关，督导师应该始终监测工作联盟。

（12）受督者要知道过程性反馈和总结性反馈的目的不同，因此接受起来本来就是更有难度的。

（13）反馈应该是双向的。督导师应该向受督者寻求关于督导的反馈，并基于反馈开放性地调整督导风格。

（14）反馈应该直接且清晰，但不是带有偏见的、伤害性的、威胁性或羞辱性的。

督导师也会出错。如何避免反馈出错及其导致的误解呢？需要注意以下几点（Sudak et al.，2016）：

（1）不要通过邮件、文本或电话方式给予反馈。就像结束一段关系一样，反馈应该面对面地进行。

（2）给予反馈时要留意一下受督者的（还有督导师的）时间安排。反馈会谈不应该被安排在一大串费劲的夜间电话之后，或是受督者或督导师中任何一方感到疲惫不堪的时候。

（3）从受督者的基线水平开始。受督者认为他取得了多少进步？他找到的问题是什么？在了解受督者的自我评估之后，再给出比较困难的反馈可能会更容易一些。

（4）保持尊重，但也要有勇气去反馈，因为来访者将来的心理健康服务将有赖于此。

（5）只有在能很好地控制情绪的情况下才适合给予反馈。

总之，过程性反馈是评估过程的核心。有了反馈，评估才能发挥最大的作用，受督者才会因此获得新的胜任力。

五、鼓励受督者自我评估

鼓励受督者进行自我评估是督导中很重要的一环。一位好的咨询师或治疗师往往能够在整个职业生涯进行自我评估。自我评估也是胜任力的一部分。

鼓励自我评估时有以下要点需要注意（Bernard & Goodyear，2019）：

（1）受督者自我评估能力影响其未来的专业发展，提高督导评估能力就是督导的目标之一。受督者通常高估或低估自己的能力。这两种情况都会对受督者的发展以及来访者产生消极的结果。因此，让受督者学习自我评估技能不仅是督导评估的一部分，也是督导的目标之一。督导师可以要求受督者周期性地深入回顾自己的会谈录音录像，探索在自己会谈中反复出现的模式。如果受督者能发现会谈中的行为模式有不良影响，其就能在之后的实践中更好地改变。

（2）督导师要尽可能告诉来访者他是如何得出评估结论的。简单地说“你没有关注来访者的情感”并不够。具体地说明评估背后的原因能让受督者在未来学会自我评估，比如督导师可以说：“当我评估这次会谈时，我会关注一些重要的情感，看咨询师是否注意到了这些情感。我想你的来访者这次有两处表露情感——当他说他被生活压得喘不过气来时，还有当他提到他对儿子的厌恶情绪时。虽然你说你在内心回应了这些情感，但你并没有向来访者表达你的倾听和关注，所以我评估你在关注来访者情感这一部分需要进步。”

（3）自我评估不应是一项测验。不要用非黑即白的观点看待自我评估。因此，让受督者直接填写李克特量表可能并不是最适合的方式。相反，督导师可以让受督者选择表格中的某一个类别或某一个题目，来找出他很难进行自我评估的领域。这种做法可以帮助明确要评估的领域，也可以弄清楚阻碍自我评估的因素。这比督导双方纠结于某一项胜任力到底是4分还是5分更加有效。

（4）在进行总结性评估之时，可以将自我评估看作总结性评估的一个方面，而不是在总结性评估之外的另一种评估。

（5）督导师要向受督者示范自我评估，包括对自己工作的反思，以获得新的领悟。自我反思和自我评估总是相辅相成。

之所以要在督导评估中强调自我评估，是因为在正式的培训和督导之外，自我评估对受督者的成长发展也至关重要。督导师很重要的一项任务是帮助受督者形成一种自我审查和反思的习惯，这种习惯会给受督者的整个职业生涯带来帮助。

六、提供总结性评估

（一）总结性评估的重要性及其特点

美国的心理咨询师/治疗师培养是通过他们的硕博士项目进行的。督导师有很大的权力决定受督者是不是适合心理咨询或治疗这个行业。因此，督导师对受督者的总结性评估就非常关键。我国高校系统中的心理学系还没有系统的临床与咨询心理学学历教育项目，因此督导多发生在学历教育以外的各种情况下，督导师也没有相应的权力。但是，督导师在督导的最后提供一种总结性评估，不仅能对整个督导过程和进展做一个总结，也可以为受督者未来的专业发展提供方向。随着我国心理治疗和咨询体系逐渐完善，督导评估在未来的督导实践中会起到越来越重要的作用。

如果是在学历教育中，总结性评估可以是期中或期末的考核；在机构中，总结性评估可以是半年或者一年的回顾。而在个人寻求督导的情境下，总结性评估可以是一个阶段的督导结束时督导师给受督者的相对全面的反馈，如果督导还将继续，可以据此设计一项新的督导计划。在实施一段时间的督导之后，为中国心理学会临床心理学注册工作委员会申请者填写的评估表也属于总结性评估。如果督导过程进行顺利，总结性评估结果应该不那么令人意外，因为总结性评估是对评估的总结而不是评估的开始。也就是说，在总结性评估之前，受督者应该已经和督导师谈到各个方面的评估结果，而最后只是对这些做了总结。

（二）总结性评估的阻碍及其应对

国内许多督导师并不习惯做总结性评估。对于一些督导师来说，提供总结性评估或反馈甚至比提供过程性反馈更困难。这一过程可能涉及向某一培训项目或认证机构提供关于受督者进步方面的信息，因此，这可能会唤起受督者很大程度的焦虑。督导师应当把督导中讨论的内容以及何时给予反馈这些信息记录下来，他们也必须制定计划来管理那些存在问题的受督者。

要让受督者对总结性评估或反馈知情。比如在连续的个体督导中，督导师应主动告知未来中国心理学会临床心理学注册工作委员会推荐时会提供哪些信息和以什么方式提供。要认真计划，留出具体的时间和受督者一起回顾总结性评估或反馈。不要让总结性评估或反馈变成一个仅仅向机构提交的表格，而忘了它对受督者专业发展的作用。好的总结性评估或反馈能促进受督者具体行为的改变，提升受督者的学习动机，测量受督者与项目标准相关的进步，增强受督者的自我知识/自我观察。在任何情况下，总结性评估或反馈都应该在看着对方（当面或视频）的情况下做出，并且记录下来。

受督者可能会将反馈体验为令人羞愧的或是有威胁性的，因而贬低了反馈的价值。必须特别注意，有意义的反馈只会在双方有充足的时间和事先考虑的前提下发生，接下来的步骤可能有助于使提供总结性评估或反馈的过程成为更好的体验：

（1）让受督者适应这个过程。

（2）确保做总结性评估或反馈时的物理环境有助于思考。

(3) 从和受督者最初见面起就开始准备总结性评估或反馈，与受督者讨论督导目标和总结性评估或反馈的时机。

(4) 保持尊重、不加评判，这对于反馈过程来说至关重要。话虽如此，但很明显的一点是，在某些情况下，受训者的态度、行为或表现可能会引发督导师无益的反应。我们都会有受训者“应该”怎样的想法，偶尔也很容易有失客观和中立。对于这些，应当加以觉察和调整。

评估是督导的核心。本章介绍了督导评估的标准，特别是如何通过督导目标来确定评估标准；同时也介绍了美国心理学会的胜任力标准，并举例说明如何在督导中运用胜任力基准，与受督者合作制定评估标准。在确定评估标准后，选择合适的评估方式和评估工具尤其重要。本章单独阐述了这一部分，介绍了不同评估方式的优缺点以及评估工具的种类及其应用。最后，本章介绍了督导从商讨督导协议到进行总结性评估的完整过程，特别强调了过程性反馈和总结性评估中的一些注意点。需要注意的是，督导评估需要以良好的督导关系为基础。下一章将重点讨论督导关系问题。

专栏

督导师问与答

问：受督者来找我督导主要是希望我帮助他把个案做下去，他没有提到要进行督导评估，我还要做评估这件事吗？

答：督导的定义决定了督导评估是督导的必要组成部分。对受督者的胜任力进行评估并提升他的胜任力和帮助他把个案做下去并不矛盾，恰恰相反，这两者是有机统一的。能够顺利完成一个个案的心理咨询，正是因为受督者有足够的胜任力。当他的胜任力得到提升时，他未来的所有个案都会受益。此外，一般来说，只要督导开始进行，就已经存在评估的要素，比如已经开始提供过程性反馈。因此，督导和督导评估不能够割裂。督导师要考虑的不是要不要督导评估，而是如何把督导评估做好。

问：我在学历教育背景下以一对二的方式进行督导，即我同时面对两位受督者，请问实施督导评估时应该注意什么？

答：在一对二的督导中，评估遇到的挑战通常和这种形式的特点有关。比如，两位受督者共享一次督导会谈，那么深入评估和反馈时间很可能不足。如果两位受督者的相容性出现问题，或者三人之间的三角关系处理不当，实施督导评估时可能会引发受督者的不安全感，容易让督导师害怕评估或者使评估趋于中庸。如果出现这些情况，督导师可以提供额外的督导时间以完成必要的评估，或者安排额外的一对一会谈。如何在中国的实际情况下做好一对二的督导本身就需要进一步研究和探索。督导师可以在实践中反思、提炼、总结、研究，形成更适合的应对方案。

问：如果我的受督者问我："我知道了你给我的评估结果，接下来我要做什么？"这时，我可以怎么回答？

答：评估是为了提升受督者的胜任力，因此督导师需要对心理咨询或心理治疗所需的胜任力有所了解，清楚这些胜任力可以怎样在培训、督导或刻意练习中提升。比如，督导师在指出受督者在关注来访者的情绪上有困难的同时，也可以告诉他在下一个阶段的督导中需要更多聚焦于对来访者情绪的觉察和表达。督导师和受督者可以有意识地选取相关会谈录音或录像进行观察，合作设计练习或角色扮演，通过观摩电影来进行情绪层面的刻意练习；也可以推荐受督者参加情绪觉察及相关的培训，直到受督者在咨询中表现出这方面的进步并达到一定的水平，接下来还可以聚焦其他需要提升的胜任力。督导师可以将以上这些方面以未来计划的方式反馈给受督者，并询问他们的看法，最终形成双方一致认同的方案。

基本概念

1. 督导协议：督导师和受督者经过协商而制定的共同承认、共同遵守的文件。它规定了督导师和受督者的责任，阐明了对受督者胜任力的期待和要求，明确了督导评估的目的和方式。有效地利用督导协议能够提升督导联盟的质量。

2. 心理咨询/治疗的胜任力：是指能将心理咨询/治疗从业者中有成效者与普通人区分开来的个人的深层次特征。胜任力提供了督导评估的标准。

3. 督导评估：又称督导评价，是指根据督导目标对受督者的胜任力进行度量并反馈给受督者。它既可以是总结性的，也可以是过程性的。督导评估是临床心理督导的基础。好的督导评估不仅是督导的支柱，也给督导指引了方向。

本章要点

1. 评估是临床督导的核心。

2. 要确定与督导目标有关的胜任力，使督导聚焦在这些方面，评估也要围绕这些目标。

3. 流派胜任力模型是跨流派胜任力模型的具体应用和扩展，两者不但不矛盾，反而可以很好地融合在一起。

4. 要根据需要来选择督导评估方式和工具。

5. 督导师需要创造有利于评估的环境，有效地利用督导协议，在评估时要考虑来访者的反馈，对提供反馈保持重视并不断练习。

复习思考题

1. 受督者很担心评估结果影响他申请加入中国心理学会临床心理学注册工作委员会，怎么办？

2. 在督导中，有哪些因素会影响评估的准确性？该如何避免这些因素的影响呢？

3. 在个体督导开始前需要签署督导协议，在一次性的团体督导开始前也需要签署督导协议吗？如果需要签署，签署的关键点是什么呢？

4. 为什么要签署督导协议？结合您的临床实际谈谈督导协议使用中的问题。

5. 来访者的反馈需要纳入督导评估中吗？咨询效果的评估在评估受督者胜任力方面是必需的吗？

第四章

督导关系

本章视频导读

学习目标

1. 了解督导关系的定义和特点。

2. 理解督导中的三方关系系统。

3. 理解督导中的平行关系并能够恰当处理平行关系。

4. 了解督导工作联盟的定义，觉察到工作联盟的破裂并进行适当的修复。

5. 理解并掌握督导关系的影响因素及督导关系的建立。

本章导读

小何是一名心理动力学取向的心理咨询师，在高校学生心理健康中心从事专职心理咨询工作三年。按照中心的规定，小何和同事每年都要接受个体督导和团体督导。今年中心聘请的督导师是认知行为取向的。在一次督导中，督导师指出小何在咨询中存在的问题，小何觉得督导师所说的与自己所受的专业训练有很大差别，但又怕得罪督导师而不敢提出自己的想法。为此小何很挫败，在后续做咨询时也总是想起督导师对自己的评价，他觉得自己越来越不会做咨询了。

上面小何遇到的问题也是督导关系中普遍存在的问题。督导是在一定的关系背景下进行的，督导关系是具有等级性、评价性、时间性、权威性的职业关系。良好的督导关系具有信任、平等、合作、尊重等特征，是良好督导效果的保障；而关系僵化或者督导工作联盟破裂则会导致不良的督导效果。影响督导关系的因素既包括督导师和受督者的个人特质、专业发展、文化背景等，也包括机构的督导设置等其他因素。上文中，受督者小何与督导师理论取向不同，对咨询过程中某些问题的理解和处理方式不可避免地存在差异，双方应在督导协议中明确这些差异，或者及时坦诚地讨论这些差异。如果隐而不说，不仅会影响督导效果，甚至会对来访者和受督者造成伤害。

第一节　督导关系概述

一、督导关系的基本概念

（一）督导关系的定义

督导是在一定的关系背景下发生和实现的。首先从督导的定义来理解督导关系。在《临床心理督导纲要（第六版）》（Bernard & Goodyear，2019）中，督导被定义为，由一个高资历的专业人员为同专业内下级或初级人员提供的一种干预，这种关系是评价性的和有等级的，需持续一定的时间，同时具有多个目标：提高下级人员的专业能力，监控受督者向来访者提供的专业服务的质量，并且对即将进入本专业的人员进行评价和严格把关。

基于格尔索和卡特（Gelso & Carter，1985）关于治疗关系的定义，督导关系被界定为督导的参与者对彼此的情感和态度以及这些情感和态度的表达方式。张淑芬和廖凤池（2010）认为督导关系在内涵上包括三个方面：一是对己方的知觉，如受督者知觉到自己接受督导的需求、对督导的期望等；二是对他方的知觉，如受督者对督导师的理论取向、督导风格和个人特征的知觉；三是对双方互动的知觉，如受督者对双方在督导过程中沟通等方面的知觉。督导关系渗透到督导过程的各个方面，是一种发展性的、变动性的关系（于慧，2020）。

督导关系有别于教学关系、咨询或治疗关系。首先，督导和教学都具有评价性，目的都是培养合格的从业人员，但督导关系不同于教学中的师生关系，督导师要同时考虑受督者的需要和来访者的利益；心理咨询或治疗通常是来访者自愿参加的，而督导不一定是受督者自愿接受的，如在临床与咨询心理学专业的学历教育或者心理咨询机构中，从业人员必须按要求接受一定时数的督导才可以获得执业资格。《中国心理学会临床与咨询心理学专业机构和专业人员注册标准（第二版）》[以下简称《标准（第二版）》（2018）] 对此有明确的要求。其次，咨询或治疗关系是相对平等的关系，督导关系则具有鲜明的等级性、评价性和权威性。在督导关系中，双方都是专业人员，督导师既要考虑到受督者的期望和需求，也要指出其在咨询过程中存在的问题，最终的目标是帮助受督者提高个案工作能力，保障来访者的福祉（赵燕，2017）。

（二）督导关系的要素

从组成要素上看，督导关系中包括督导师、受督者、来访者及督导情境。

1. 督导师

系统取向督导模式的倡导者霍洛威（Holloway，1994）指出，督导师应具有反省能力、建立联结的能力、营造健康的关系等六项特质，尤其要善于创建良好的督导氛围，能够提供机会帮助受督者发展专业能力（苏细清，2004）。连廷嘉和徐西森（2003）强调督导师要重视构建温暖的、支持性的和结构性的督导关系；不仅要支持受督者的专业成长并评估其专业能力，同时也要给予其心理上的关照（连廷嘉，2006）。许韶玲（2005）指出，督导师尤其要在督导关系建立之初就做好督导关系的设置，减轻受督者的焦虑，促进受督者的投入，考虑受督者的专业发展、督导需求和期待等，了解督导关系的动态变化和受督者的状态（蓝菊梅，2011）。上述观点都强调了督导师在建立督导关系中的重要作用。

《标准（第二版）》（2018）明确规定：督导师要从事临床与咨询心理学相关教学、培训、督导等心理师培养工作，且达到《标准（第二版）》（2018）中规定的督导师注册条件，并是有效注册登记的资深心理师。督导师角色有两个主要成分，一个是督导师如何看待自己的工作，另一个是督导师应该为受督者提供反馈（Bernard & Goodyear，2019）。作为整个督导关系中拥有最大权力的角色，督导师的任务不仅是帮助受督者在遵守咨询伦理的情况下提升专业能力，同时也要确保来访者和公众的利益，这些任务是在督导关系中实现的。督导师的个人特质、文化背景、理论取向、沟通技能等均会影响督导关系和督导质量。

2. 受督者

督导关系不是督导师一个人的责任，受督者是连接督导师和来访者的桥梁，是整个督导关系的中心轴（Bernard & Goodyear，2019）。受督者是督导历程中学习的主体，他们不是被动地接受督导师的评价和指导，而是在与督导师的互动中主动获得效能感、自我学习的能力和提升的空间，他们的个人特质、专业发展水平、理论取向、文化背景、督导需求和期待等也会影响督导关系（Romos-Sanchez et al.，2002；许韶玲，2004；苏细清，2004；许皓宜，2012）。我国台湾地区于 2001 年通过相关规定，要求心理师不仅要接受硕士层次以上的课程，从事咨商课程实习与全职驻地实习，同时还要接受密集的咨商督导。督导是心理师专业成长历程中的关键（张淑芬，廖凤池，2010）。《标准（第二版）》（2018）规定，（助理）心理师要掌握临床或咨询心理学的专业知识，接受系统的心理治疗与咨询专业技能培训和实践督导，从事心理咨询与治疗工作，达到《标准（第二版）》（2018）所规定的注册条件。也就是说，咨询师或治疗师要接受一定时数的个体和团体督导，才可申请获得执业资格。

3. 来访者

督导的出发点是为了促进受督者的专业能力发展，其终极目的是促进来访者心理健康，保障来访者的福祉和公众的利益。督导的展开要围绕来访者可能遇到的问题以及受督者如何对来访者的问题进行回应来进行。在督导过程中，虽然来访者并未与督导师面对面，但作为潜在的第三方，来访者的需求、在咨询过程中的反应也会经由受督者带到督导关系中。督导师有责任协助受督者更好地理解来访者的问题及其对咨询效果的影响，受督者也希望通过督导探索适当的方法来处理来访者的问题，提升咨询服务的质量（苏细清，2004）。

4. 督导情境

督导关系的要素不仅包括督导师、受督者和来访者，督导进行的机构情境也是重要的组成要素之一，这些情境包括有组织的机构和工作环境等（Bernard & Goodyear，2014），如学校、医院、心理咨询中心、社区等。督导师既要考虑机构所提出的服务、相应的服务对象、对督导的要求等，也要考虑所属的组织或机构的执业道德和伦理道德、法规及相关的法律条文等（苏细清，2004）。

（三）督导关系的形式

督导关系是复杂而且有层次的，已有研究多从督导参与者的角度来阐述督导关系的表现形式。督导关系主要表现为两种形式：

其一，督导中的二元关系。主要是指督导工作联盟，即督导师与受督者在督导目标和督导任务上的一致性程度及二者之间的情感联结（Bordin，1983）。工作联盟的质量是督导双方关系的重要指标，是影响督导效果的关键因素。

其二，督导中的三方关系。督导实质上也是一个包括督导师、受督者和来访者的三方关系系统，受督者是这个关系系统的核心轴或信息沟通渠道（Bernard & Goodyear，2019）。

关于督导工作联盟和督导中的三方关系系统，会在接下来的章节中详细阐述。

二、督导关系的特点

督导关系包含了督导师和受督者之间所有的互动。基于《临床心理督导纲要（第六版）》（Bernard & Goodyear，2019）中关于督导的定义，可将督导关系的特点概括为以下几方面。

（一）督导关系的评价性和等级性

督导关系出现在高资历的督导师与同行业或专业内作为下级和初级人员的受督者之间，两者在资历、专业水平、角色功能等方面是不平等的。咨询或治疗机构（如学校的学生心理健康中心、医院的心理科或精神科、社会心理咨询机构等）中的专业人员要接受本行业内督导师的督导；在高校临床与咨询心理学专业的学历教育中，学生必须在有督导的前提下进行咨询实习。我国一些高校如北京师范大学王建平教授的团队采用了由博士生为硕士水平的咨询师提供督导的方式。

督导师要对受督者在专业胜任力、咨询或治疗过程、伦理问题、服务质量等方面的表现进行评价。评价是督导的一个重要组成部分，督导关系的评价性可能给督导师和受督者带来种种问题甚至是不愉快。对于受督者来说，督导师不仅是他们尊重的老师，更是他们所敬畏的真正拥有实权的法官（Doehrman，1976）

也有研究者指出要淡化督导关系的等级性和评价性，用“共同商讨”（covision）来代替督导（supervision），强调督导关系的平等和合作关系。但如果将督导改为商讨，督导就失去了评价性和等级性，也就等同于一般的干预活动（Bernard & Goodyear，2019）。

（二）督导关系的目标性

督导师与受督者之间的关系是基于督导目标而建立的职业关系，不同于自然发生的人际关系。从根本上讲，督导的目标是促进受督者的专业发展，确保来访者的健康利益等。这里的来访者不仅包括受督者当前案例报告中的来访者，也包括督导结束以后受督者后续接待的来访者。从长远来看，督导也应促进受督者职业发展和成熟，使之从一名新手成长为一位专家。另外，帮助受督者获得从业资格或者资格认证也是督导的目标之一（Bernard & Goodyear，2019；中国心理学会临床心理学注册工作委员会，2018）。这些目标通常与督导师的理论取向和督导模式、受督者的发展需要及对督导的期望有关。但督导目标不是通过受督者间接治疗来访者，也不是为受督者提供心理治疗。

（三）督导关系的时间性

督导是持续一定时间的干预过程，督导师与受督者之间的关系也因督导的时间持续性而得到成长和发展，许多督导理论家都非常关注督导关系发展的重要性（Bernard，2014；Bernard & Goodyear，2019）。督导关系从开始、成熟到终结是一个动态的变化过程，在这个过程中，受督者开始可能会出现担心被评价的焦虑，害怕与督导师在某些问题上有冲突，随着督导的持续展开，他们对于个人议题和督导关系的开放性与准备度逐渐提升。因此，督导师要与受督者产生共情，通过沟通了解和澄清受督者的期待，评估先前的督导关系对受督者的影响，与受督者彼此尊重，共同探索当前的督导关系等（蓝菊梅，2011）。

目前，我国连续的督导主要体现在规范的学历教育和系统连续培训项目中，同时，国内也存在一次性督导或短期的督导。一次性或短期的督导通常聚焦于个案工作的某个方面或者某个问题，比如，受督者在咨询过程中遇到的难以解决的问题，咨询效果不明显、个案概念化以及咨询技能上的问题，等等。这种一次实施的或者短期的督导无法保证受督者获得系统的专业胜任力提升。因此，普及和推广系统的、专业化的督导也是我国心理健康教育领域后续需要规范和加强的方面。

（四）督导关系的权力性

由于特定的专业和角色功能，督导师是督导关系中拥有较高权力的人，具有监督受督者咨询服务过程的责任和评鉴其服务质量的权力（Gazzola & Theriault，2007）。结合督导的定义看，督导关系的权力性主要表现在三个方面：一是监控。督导师要监控受督者的咨询过程，保障来访者的利益和福祉。二是评价。督导师要对受督者的咨询服务质量及其专业胜任力进行评价。三是把关。督导师具有咨询服务行业守门人的功能，督导师通常要求受督者提供相对完整的咨询录像或者录音来评估和监控其咨询过程和服务质量，从而决定受督者能否或是否适合从事心理咨询这一专业领域的工作（Bernard & Goodyear，2019）。

我国学者发现，督导关系的权威性渗透到整个督导过程，而且这种权威性特征提升了督导的有效性（周蜜，贾晓明，赵嘉璐，2015）。督导师在督导关系中的权威性是一种“特权”，这是其所属的机构、团体或组织赋予的，这种特权贯穿于整个督导过程。

督导关系中的权力性在国内外是有差异的。美国心理学会规定督导师有把关的权力和责任，对受督者为来访者所提供的服务进行监督管理是督导师的首要责任，他们可以决定受督者是否适合进入咨询服务行业、能否有资格执业。督导师对于受督者在接受督导过程中对来访者的任何伤害性行为都负有法律责任或连带责任，甚至被吊销执照（Falvey，2002；Friedlander，2015；Lee & Cashwell，2011）。相对而言，由于我国目前相关法律法规以及行业规范不够完善，尚未建立成熟的奖惩机制，督导师对受督者没有如此大的权力和责任；在受督者的专业不胜任或者违反伦理规范的问题上，国内督导师往往存在责任不清和监督处理不够的情况。这需要我们进一步学习更多的知识，熟悉规范的操作，依据国内的现实状况做出调整，创造我们特有的督导工作模式。

三、督导关系的意义和作用

（一）督导关系是督导过程的核心要素

多种督导理论模式均强调督导关系的重要性，督导关系是跨理论模式的共同因素。当督导参与者被要求确认督导中发生的重要事件时，最频繁提到的事件均围绕督导关系的主题（Nelson & Friedlander，2001）。Holloway 系统取向督导模式（system approach supervision，SAS）强调关系是督导的动力系统和督导的主轴（苏细清，2004）。督导是一个人际互动、相互影响的过程，督导关系则是整个督导过程的核心因素（Holloway & Neufeldt，1995；连廷嘉，2006）。

督导关系事件在新手咨询师的督导过程中最先发生且全程存在（许皓宜，2012）。研究发现，督导关系不仅是一类重要事件，也是其他重要事件能够起作用的关键影响因素（陈瑜，樊一鸣，桑志芹，郑启赟，2019）。事实上，无论受督者的发展水平如何，督导关系的建立均是督导工作健全发展的第一步（赵燕，2017），良好的关系是好的督导体验之一（Ellis et al.，2014）。对于新手咨询师而言，在督导工作联盟稳固的情况下，无论好的还是坏的被督导体验都能产生积极影响（王伟，贾晓明，张明，2015）。因此，在对新手咨询师的督导中，督导师尤其要重视构建良好的督导工作联盟。

（二）督导关系是督导实施的重要媒介和催化剂

督导关系由督导目标、督导双方的期望、督导方式、督导参与者的态度和行为等构成。督导师希望通过督导影响受督者的行为、态度和工作效能，受督者希望借助督导来提高专业胜任力等，督导关系则是上述目标实现的重要媒介（于慧，2020）。通过督导关系，督导师帮助受督者以有效的方式运用自己的特质和人际互动模式去协助来访者进行自我认知和表达自己，即受督者从督导师的反应中学习到对待自己当前及以后的来访者的方式。从这个意义上看，督导关系是一种助人助他的关系，不仅能够直接提升受督者的专业胜任力，还可以间接促进来访者和公众的健康利益。

督导关系是督导中的动力成分，它被嵌入督导的过程中并随着督导的各种不同背景的要求进行调整（沈黎，邵贞，廖美莲，2019）。督导师和受督者各自把自己的个人特质、文化背景、理论取向、咨询风格和督导模式等都带入督导关系中。双方特质的摩擦、理论取向的磨合、督导关系中的权力问题、双方投入程度、督导师与受督者的显性关系、受督者和来访者之间隐性的咨询关系等都会影响督导的成效。督导关系是上述督导互动中的催化剂，督导过程中所有的活动内容都要借助受督者与督导师之间的互动来传递（张淑芬，廖凤池，2010）。例如，受督者会把督导师对自己的积极回应带到咨询关系中，同样积极地回应来访者，这种督导中的平行关系会帮助受督者更好地理解来访者、提高自我觉察的敏感度、了解自己与来访者的咨访关系及互动等，对受督者的专业胜任力及服务过程均起到催化剂的作用（李林英，2004）。

（三）有效的督导关系是督导效果的决定因素

督导关系也是有效督导的核心。有效督导关系的特征通常表现为同理、信任、彼此尊重及保有弹性（Worthen & McNeill，1996）。积极的和富有成效的督导关系有助于受督者辨别个人的督导需求，进而提升专业知能和为服务对象工作的能力，对于成功的督导起着决定性的作用（Friedlander，2015）。在督导关系稳固且温暖支持的情况下，受督者更可能产生好的体验，焦虑、抗拒感会降低，更能够以积极的心态面对挑战，督导满意度也更高（王伟，贾晓明，张明，2015；Schweitzer & Witham，2018）。

良好的督导关系不仅能够促进受督者的发展，甚至可以促进受督者的专业认同。督导师与受督者之间正向的、真诚的互动经验有助于受督者与来访者的关系以及咨询服务的过程和质量（Nelson & Friedlander，2001）。受督者在督导关系中获得的正向反馈越多，越有助于自我效能感和工作满意度提升，并可以转移到助人工作中。当然，要建立正向而有建设性的互动关系，督导师除了要能敏锐觉察受督者的情绪与压力以适时给予协助外，还应表现出温暖接纳的支持性和教育性的态度与行为。

有效的督导关系不仅有益于督导效果，实质上也通过提升受督者的专业服务能力而间接提升了其咨询服务效果，督导最终的受益者是来访者。

第二节　督导工作联盟

有学者将督导关系比喻为支撑起督导过程其他所有方面的支柱。可以从三个方面来理解督导关系：一是将督导关系作为包括督导师和受督者在内的二元系统；二是将督导关系作为包含督导师、受督者和来访者的三元系统；三是认为督导关系中的督导师和受督者作为两个独特的个体，会将他们自己的期待、问题和过程带到督导关系中（Bernard & Goodyear，2019）。接下来，我们分别讨论二元系统内督导师和受督者的工作联盟以及督导作为三方关系系统的相关内容。

一、督导工作联盟的基本概念

（一）督导工作联盟的内涵

博丁（Bordin，1983）在已有研究的基础上首次提出治疗工作联盟，强调咨询师与来访者共同改变，强调彼此的合作关系，并将治疗工作联盟的定义拓展到督导工作联盟（supervisory working alliance）的定义中，认为督导工作联盟是督导师和受督者为了改变的合作，即“共同合作达到改变的目的”。受督者与督导师共同建立督导目标与任务，并发展一种牢固的情感联结（例如，彼此关心、信任、尊重等）。这些联结关系是以“双方共享的相互喜欢、关心和信任的感情为中心的”。博丁尤其重视关系联结的发展，双方共同工作来完成目标或者分享情绪体验。

督导工作联盟与治疗工作联盟不同，其中最明显的区别首先体现在目标和任务上，督导工作联盟更关注教育和评价而不是治疗。其次，在过程上也有差异。来访者会在早期向治疗师透露自己的个人信息和感受以强化治疗工作联盟，但受督者如果过早地表露个人的问题可能会弱化督导工作联盟（Angus & Kagan，2007）。

各理论学派都强调工作联盟的重要性，督导工作联盟是督导关系历程中的重要因素之一（Bordin，1983；Efstation，Patton & Kardash，1990）。研究者强调督导本身就是一种合作，这种合作的性质在实质上会影响整个督导的过程和最终结果（Watkins，2011）。

目前，许多关于督导关系的研究都以博丁的督导工作联盟作为重要的参照和指标。博丁（Bordin，1983）强调工作联盟中的三个核心要素：一是目标一致，即督导师和受督者对督导目标的相互认同和理解；二是任务一致，即督导师和受督者对督导任务的相互认同和理解；三是情感联结，即督导师和受督者分享情感体验或者为完成某项共同的目标而一起工作的过程。督导工作联盟的这三个要素得到广大研究者的认可，并不断得到拓展。

1. 目标的一致性

督导目标是针对改变的明确而清晰的目的或结果，这些目标主要是受督者通过督导期望达到的目标、获得的改变或者解决的问题，也是督导师所认可的，是督导工作联盟的重要部分。督导师和受督者必须在督导开始前商定一系列共同发展的督导目标，博丁（Bordin，1983）同时也建议，这些目标应该依赖于受督者的专业发展水平。

督导目标与督导期望有重叠，期望是督导师和受督者对督导过程的预期。例如，新手咨询师期望督导师能够提供专业技术的指导，多提供明确的意见和建议，多给予支持而不是直接的批评；有经验的咨询师期望督导师关注他们的感受；督导师可能期望遵守督导契约，对受督者的专业胜任力和服务质量进行评价和监督（连廷嘉，2006）。虽然督导师和受督者的期望不同，但双方要寻求共同的督导目标并达成一致，否则可能会妨碍督导的有效性。

2. 任务的一致性

与目标的一致性相似，督导师和受督者要在为实现督导目标而工作的任务上达成一致（Bordin，1983）。这些任务主要包括：（1）受督者要事先准备一份口头或书面的咨询或治疗报告，督导师可以针对特定的技术提供反馈或者关注受督者的感受，加强受督者对来访者的反应等；（2）受督者提供誊录撰写的咨询或治疗过程或者录像，督导师可以通过音频、视频或者直接观察咨询或治疗过程，避免主观地对待受督者选择提供的一些被督导的内容；（3）受督者提出想要督导的问题或关注点，这是受督者的职责，这些问题也将直接在督导过程中探讨。受督者要理解任务与实现目标之间的联系，能够识别并提出问题。督导师也要确定受督者是否有能力执行这些任务并理解这些问题与目标之间的关系。督导师可以直接询问受督者以更明确督导问题。例如，在督导中你希望得到什么帮助？今天你希望我们在哪些方面工作？你希望通过今天的督导探讨哪些问题或者有什么具体的改变？等等。

有时督导双方在某项任务上无法达成一致，例如，督导师要求受督者提供咨询过程的录音、录像以及誊录撰写的咨询或治疗报告，但受督者提出来访者有顾虑并拒绝同意在咨询过程中录音或录像，受督者很难完成这项任务。尽管如此，在督导开始前，督导师和受督者一定要在督导任务上达成一致。

目标一致和任务一致是督导协议中的主要内容，是督导工作联盟的基本保障。

3. 情感联结

情感联结是指督导师和受督者分享喜欢、关心和信任的情感。分享督导的体验可以强化督导师与受督者之间的情感联结，督导目标和任务的一致性也会强化双方的情感联结。督导师理解性的沟通与尊重的技巧对于建立信任来说极为重要（Campbell，2006）。积极的情感联结有助于缓解因督导中的权力差异而引发的焦虑，使受督者在督导过程中积极评价自己的行为，更可能报告督导的积极结果（Burke，Goodyear & Guzzard，1998）。与治疗工作联盟中的情感联结不同的是，督导工作联盟更关注教育和评价，这可能会破坏情感联结，使情感联结更脆弱，这也凸显了情感联结在督导联盟中的重要性。尽管如此，督导师和受督者双方要共同努力达成督导目标，受督者要积极参与到督导过程中，督导师也要给予受督者积极的回应。

（二）督导工作联盟与督导关系

督导工作联盟与督导关系有重叠。格林森（Greenson，1965）把治疗工作联盟作为治疗关系的组成部分。后来也有研究者将督导工作联盟作为督导关系的一个重要因素，认为督导关系的成功往往归功于督导工作联盟（Watkins，2011）。伯纳德和古德伊尔（Bernard & Goodyear，2014）基于博丁的督导联盟模式，提出督导师要使受督者对督导有合适的期待，形成合适的督导契约，双方就督导目标达成一致看法，依据督导目标执行各种督导任务，由双方的情感联结催化督导关系。从这个角度看，督导工作联盟是形成督导关系的前提，也是督导关系的核心。

在实践中，也存在另一种情况。例如，北京师范大学王建平教授在督导中发现，一名受督者与来访者进行了30多次咨询会谈，每次会谈结束来访者都反馈很有收获，对咨询师的工作也很满意，双方都认为建立了很好的咨询关系，但来访者本人的状况并没有明显改善。这种情况通常是：虽然咨询关系建立起来了，但工作联盟还没有很好地建立。由此，我们也可以推测，督导中也可能存在这种现象，即督导关系不错，但督导效果不明显，可能也与督导工作联盟没有很好地建立起来有关。

（三）督导工作联盟的意义

督导开始初期最关键的任务是建立有力的督导工作联盟（Bordin，1983），这也是后续应对督导困境的基础和依据。许多研究者将督导工作联盟作为督导关系的重要辨识指标。在整个督导关系中，督导师有责任维护督导工作联盟（Nelson，Gray，Friedlander，Ladany & Walker，2001）。

良好的督导工作联盟可以帮助新手咨询师或治疗师在开始与服务对象

合作时处理恐惧、焦虑和其他可能出现的问题（Bernard & Goodyear，2014）。督导工作联盟中的情感联结与督导满意度密切相关：受督者与督导师的情感联结越紧密，他们对督导过程的满意度越高，对自己在督导过程中的行为判断也越积极（Efstation，Patton & Kardash，1990）。督导工作联盟也是督导评价的重要前提，可以减少受督者对督导的防御和焦虑。

督导工作联盟对于督导结果的影响主要表现为：提升受督者的自我效能感、对督导的满意度和幸福感，增强受督者的自我意识和自我表露程度，减轻受督者的职业倦怠和担心被评价的焦虑，提高新手咨询师的成功服务结案率，最终保障来访者的健康利益和公众利益（Schweitzer & Witham，2018）。

图 4-1 体现了良好的督导工作联盟对于督导结果、治疗联盟以及受督者的意义（Bernard & Goodyear，2019/2021）。

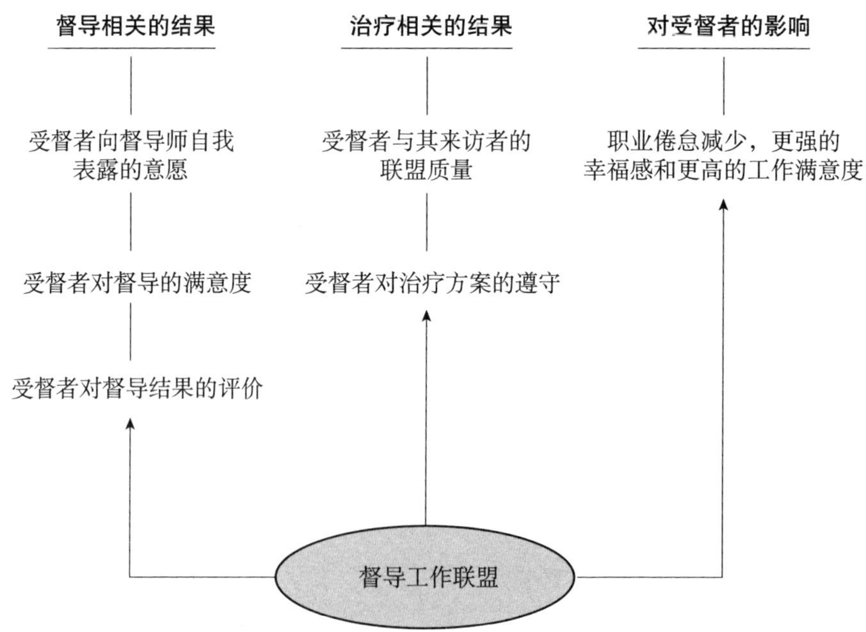

图 4-1 实证支持的良好的督导工作联盟的影响意义

二、督导工作联盟的影响因素

督导工作联盟的影响因素可以分为前置因素和后果因素，其中前置因素包括督导师和受督者两个方面的因素，后果因素主要指工作联盟对督导结果的影响。督导师和受督者共同的影响因素包括个人特质、依恋风格。督导师健康的成人依恋风格可以帮助预测工作联盟的质量（White & Queener，2003；Riggs & Bretz，2006）。安全型依恋风格的督导师和受督者更可能发展出积极的工作联盟（Crockett & Hays，2015；蔡秀玲，2012）。图 4 - 2 中列出的是督导师和受督者方面的影响因素（Bernard & Goodyear，2019/2021）。

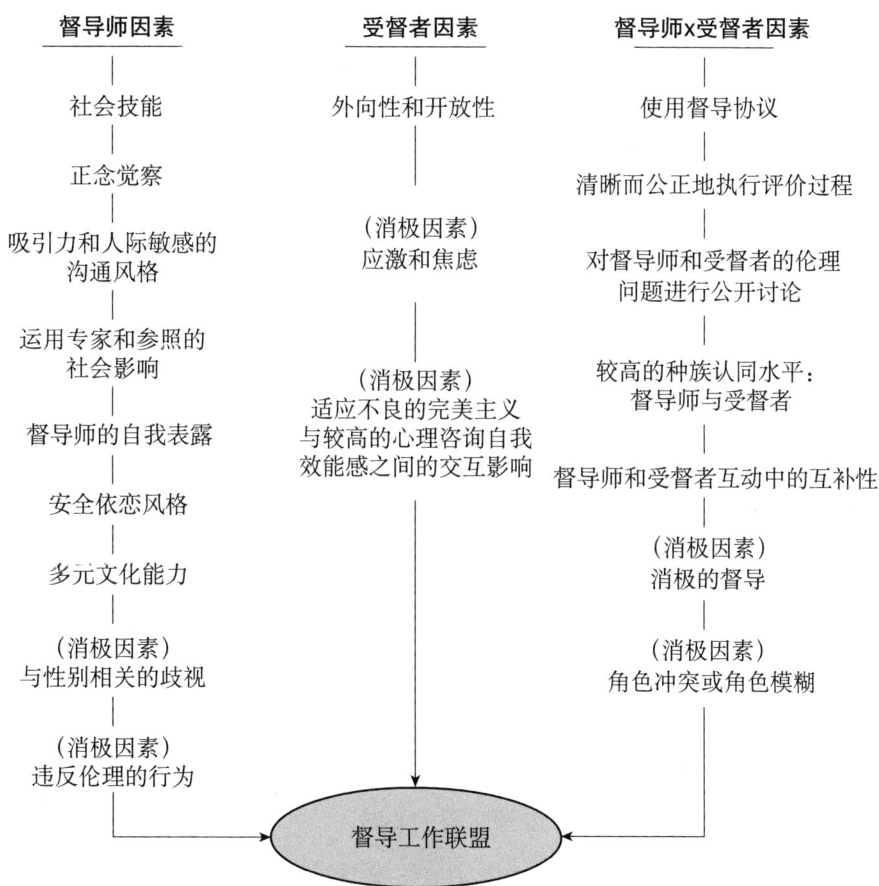

图 4 - 2　实证支持的督导工作联盟强度的影响因素

（一）督导师因素对督导工作联盟的影响

督导师影响督导工作联盟的因素主要包括督导师的社会技能、正念觉察、督导风格、多元文化能力等方面。督导师的人际交往和沟通对于督导工作联盟的建立非常重要。正念是个体对当下保持注意和觉知的能力（汪芬，黄宇霞，2011），督导师和受督者的正念都有益于督导工作联盟，有吸引力的和人际敏感的沟通风格可以提高受督者的满意度（沈黎，邵贞，廖美莲，2019）。关于督导师对于专家和参照权的运用，有研究发现，督导师运用专家（知识和专业经验）和参照权力越多，工作联盟越强（Schultz，Ososkie，Fried，Nelson & Bardos，2002；张淑芬，廖风池，2010）。

来自社会工作领域的督导研究发现，督导师的自我表露影响督导工作联盟，其中包括受督者感兴趣的类似经历、督导师过去和当前的经历、成功和失败的经历等。无论从督导师的视角还是从受督者的视角来看，督导师的自我表露均对督导联盟有积极作用（Knox，Burkard，Edwards，Smith & Schlosser，2008）。

督导师的多元文化能力水平可以用于预测督导工作联盟的强度（Crockett & Hays，2015）。具有多元文化能力的督导师可以胜任与多样化的受督者及其来访者的工作，具备处理文化价值观不同的个体之间出现误解和不信任等诸多问题的态度和技能（Bernard & Goodyear，2019）。这些多样性包括不同性别、性取向、年龄、家庭背景等。督导师也要意识到，对受督者在性别、性取向方面的歧视明显有害于工作联盟形成。

督导师是否遵守督导伦理规范的行为也会影响督导工作联盟，其中包括保密、督导中的边界、对受督者的尊重、评估等。研究发现，督导师违反伦理规范的行为是督导的负向预测因素，受督者报告的督导师的不遵守伦理规范的行为频率越高，他们对督导工作联盟的评价和满意度越低（Ladany，Friedlander & Nelson，2005）。

（二）受督者因素对督导工作联盟的影响

受督者把自己的态度、人格特征和技能带到督导关系中，会不可避免地影响督导工作联盟的质量。受督者对于督导经历的开放性和外向性可以帮助预测督导工作联盟，督导师也会通过预期受督者的开放性和外向性对受督者进行回应（John，Naumann & Soto，2008）。

受督者对督导评价的压力越大、焦虑水平越高，督导工作联盟越弱；受督者应对压力的资源越多，督导工作联盟的质量就越高（Gnilka，Chang & Dew，2012）。也有研究发现，受督者的焦虑往往是较弱的督导工作联盟的结果而不是原因。受督者不愿表露的内容较多涉及他们对督导过程的负面看法、个人议题以及对督导师的负面看法，他们常常担心督导师在专业及个人的范畴内对自己进行评价。督导师进行评价的态度也会影响受督者的表露程度，对督导师的尊重或顺从也是影响受督者表露的原因之一（张淑芬，廖凤池，2010）。

（三）督导师与受督者互动过程的影响

督导师与受督者的互动过程会影响督导联盟。其中包括：签署督导协议，进行清晰和公正的评估，坦率地讨论督导师和受督者的民族或文化价值观，督导师与受督者互动中的互补性，消极的督导实践，以及受督者的角色冲突或模糊等。

新的督导关系始于督导协议的签订（APA，2015），如第三章“督导评估”中所述，督导协议包括督导师和受督者的责任和任务、督导目标、受督者预期、受督者表现及其评价等。清晰的督导协议对督导联盟有积极作用（McCarthy，2013）。

督导师要提供清晰的评估和反馈，这些评估和反馈直接与督导目标有关，如双方设置的目标清晰、易于受督者理解等。受督者感知到的评估过程越清晰和公正，他们的焦虑水平越低，他们对督导师的信任度越高，工作联盟也就越牢固（Bernard & Goodyear，2019）。督导师与受督者公正坦诚地讨论他们在文化价值观、性别、性取向等方面的相似性和差异，有助于建立较强的工作联盟。

在督导关系中，督导师和受督者的权力是不平等的，双方行为互补时关系会更顺畅。例如，当一方有要求时，另一方能给予积极的回应，这类似两者之间的合作。互补性强的督导师与受督者之间的督导联盟更强（Chen & Bernstein，2000）。如果督导师与受督者之间存在多种冲突，通常联盟也较弱。

受督者的负性督导体验越多，督导联盟越弱。这些负性督导体验包括人际风格、督导任务和责任、理论取向、伦理和法律、多元文化问题等。

受督者在督导中经历的负性事件越多，他们对督导工作联盟的评价越低（Nelson & Friedlander，2001）。

三、督导工作联盟的建立

（一）案例与分析

案例 4-1：Z 是一名新手咨询师，目前正在参加一个系统连续培训项目，并接受其中的连续督导。她希望通过督导来提高自己的专业胜任力，也希望督导师能够给予自己支持和鼓励。督导师 L 指出 Z 在咨询中存在的咨询技术使用问题，也提醒 Z 在咨询伦理、设置等方面的问题，并对 Z 的专业胜任力进行评估。Z 觉得，督导虽有收获，但也很有挫败感，督导师的评价让她感觉自己并不适合做咨询师。

案例 4-2：督导师 W 在心理咨询实习机构为受督者 D 提供督导服务。W 是认知行为取向的督导师，D 所受的是心理动力咨询取向的专业训练，两者在某一问题的看法上通常不一致。D 觉得督导师所说的与自己所受的专业训练有很大差别，但又怕得罪督导师而不敢提出自己的想法。两人在督导中像两条平行线，很难形成共识。督导师多次指出 D 的问题，D 也担心督导师会在实习督导记录上给自己打分过低。

案例 4-3：督导师 Y 和受督者 Q 来自同一个导师的研究团队，Y 是博士生，Q 是硕士水平的咨询师。Y 对 Q 的个案工作进行督导，然后再接受导师的督导。两人师出同门，彼此很熟悉，而且在学习、生活、研究和实务工作上有很多共同合作。督导开始时，两人合作比较顺利，但在后续督导过程中，Q 常常质疑 Y 对自己专业胜任力的评估，认为 Y 并不能给自己提供预期的帮助，Y 也感觉 Q 对自己并不信任，两人在督导中合作困难，很难建立稳固的督导关系。

这三个案例都不同程度地体现了督导工作联盟的问题。案例 4-1 中，作为新手咨询师的受督者希望得到专业知识和技术上的具体帮助，希望得到尊重和支持，担心被作为培训专家的督导师评价。显然，督导师有针对性的评估和指导虽然在知识和技能上给了受督者具体的帮助，实现了督导的目标，但两者缺乏情感的联结，受督者因此体验到挫败感和被评价的焦虑，自我效能感和对督导的满意度低。对此，督导师要了解受督者的能力和专业知识基础，给与其恰当的鼓励和支持，而不应仅仅关注对其专业能力的评价和指导。新手咨询师更需要一种结构化和支持性的督导环境和关系。

案例 4-2 中，督导师与受督者理论取向不同，两人在督导目标和督导任务上未达成一致。在实习咨询师看来，督导师既是自己的老师也是决定自己职业生涯的法官和权威，因此不敢真实地反馈自己的想法。在这种情况下，督导师要与受督者重新讨论和调整督导协议，互相了解对方的督导期望，寻求目标的一致性，明确为实现督导目标而需要承担的责任和任务。督导师不能让受督者遵从自己的理论取向，双方可以从不同的视角来分享对个案的理解，为受督者提供反馈的机会和成长的空间。

案例 4-3 中的情况是目前国内学历教育中咨询师培训的常见现象。博士生为硕士水平的咨询师提供督导，然后再就督导的问题接受导师的督导，这称为“督导之督导”。也有研究者认为这存在督导伦理中的双重关系。实际上，与治疗关系不同的是，督导关系中，督导师和受督者是同一专业或行业内的，他们一起工作可以分享经验；督导师可能是受督者的指导老师、同门的师长或者是另外一门课程的指导老师，或是受督者助教期间的督导师。在一所学校或者机构里面，没有必要刻意避免所有的多重关系。我们要将滥用职权、利用或者伤害受督者的双重关系与在积极的、成熟的职业关系中存在的双重关系区别开。这个案例中，同一师门的博士生督导师和硕士水平的受督者可以就专业能力的评价、信任等双方都关心的问题进行讨论，达成一致意见后写在督导协议中，必要时寻求上一级督导师的督导。

（二）督导工作联盟的评估

可以借助评估工具对督导工作联盟的质量进行量化。目前常用的督导工作联盟的评估工具包括督导工作联盟—督导师问卷、督导工作联盟—受督者问卷（Efstation，Patton & Kardash，1990）。其中，督导工作联盟—督导师问卷包含 23 个题目，分为良好关系、关注来访者、认同三个分维度。督导工作联盟—受督者问卷包含 19 个题目，分为良好关系、关注来访者两个分维度。

目前广泛使用的还有利兹督导联盟量表—受督者评定（Wainwright，2010），该量表包含 3 个题目，分别从督导方法（督导会谈是否聚焦）、督导关系（督导师与受督者在会谈中是否相互理解）、需求满足（督导对受督者是否有帮助）三个分维度进行测量。该量表可通过国际临床卓越中心（the International Center for Clinical Excellence）获得。

（三）督导工作联盟的破裂与修复

督导工作联盟中督导师和受督者彼此的尊重和信任是督导关系的基础，他们彼此感知到的信任和支持的程度也是促进受督者发展的前提条件（Kavangh，Spence，Wilson & Crow，2002）。无论是在普通的人际关系中还是在专业或职业关系中，冲突都无法避免，处理冲突的态度和能力会影响督导关系的成长与发展（许维素，1993b）。但如果双方无法相互理解，压力和冲突持续存在，则会导致督导工作联盟无法建立或者破裂，不及时修复的话，可能会给受督者带来严重的情感伤害和不良的职业后果（Ellis et al.，2014；Nelson，Barnes，Evans & Triggiano，2008）。

督导师在督导过程中要始终关注并监控督导工作联盟，允许受督者讨论督导关系的质量，表达自己的困惑、焦虑和压力，鼓励他们分享自己在督导中的感受等。这些可以在签署督导协议时明确说明，如果当时未提及，也可以在督导中直接询问受督者并酌情补充到督导协议中。督导师还可以使用卡片分类来测量，既可以获得信息，督导双方也有更多沟通与交流的机会（Li et al.，2016）。

督导师与受督者如果可以讨论督导期待、设立目标，在督导任务上有一致性，就更可能结成稳固的督导工作联盟，受督者在督导过程中也会体验到较少的角色冲突（例如，与来访者、同辈、督导师之间的冲突）或模糊（不清楚自己在督导中的角色期望）。在上述三个案例中，督导师要与系统连续培训项目中的新手咨询师和实习咨询师讨论他们的督导期待，明确督导的共同目标和各自承担的任务，分享在完成任务和实现目标时的情绪体验和喜悦，促进情感联结，这不仅有助于建立工作联盟，也可以及时修复破裂的督导关系。

在任何情况下，督导关系破裂都需要直接处理以使督导回到正轨。修复关系不仅需要方法和技术，也需要坦诚、主动地讨论受督者在关系僵局中所扮演的角色。例如，在前述案例 4-2 中，督导师与受督者理论取向不同，双方可以回到督导协议中，再次讨论督导的目标，从不同视角来理解个案。如果在督导关系中双方陷入僵局，受督者也很可能把这种僵局带到咨询关系中，这被称为平行过程。平行过程是督导关系与咨询关系之间的相互影响，有关平行过程的内容及处理在下一节会着重分析。

督导师发现受督者在咨询服务过程中的问题后，通常会告诉受督者如何处理这些问题。但这种直接针对个案工作的指导会让受督者产生无能感。当督导师不能有效地回应受督者的需要而只是着眼于个案处理时，会快速导致督导工作联盟的破裂。工作联盟的破裂是咨询/督导过程中一个自然的可预期的事件，但不一定就会导致咨询/督导的失败。在督导联盟建立过程中，督导师和受督者双方都有重要的责任，假如有一方未能尽责，关系必受影响，也无法结成牢固的工作联盟。

第三节　督导中的三方关系系统

督导关系是复杂的，而且是多层次的。如图 4-3 所示，受督者作为来访者—受督者、受督者—督导师这两种关系中的信息沟通渠道，是整个三方关系系统的核心轴（Bernard & Goodyear，2019/2021）。督导三方关系系统中的来访者、受督者、督导师之间存在相互影响，其中每一方都会影响到另外两方。督导师与来访者虽然没有外显的面对面的关系，但也相互影响。

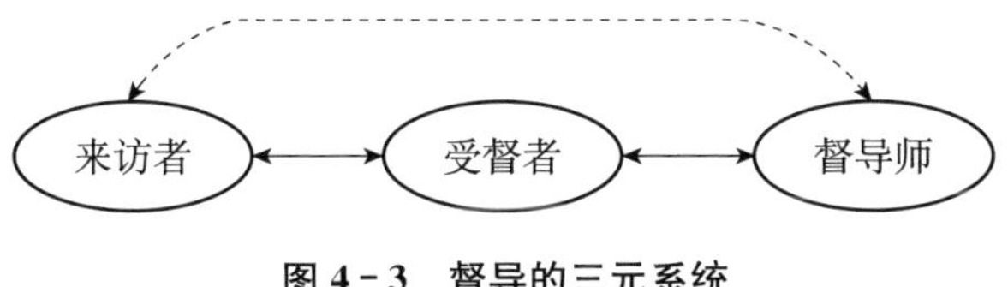

图 4-3　督导的三元系统

一、督导中的平行关系

（一）平行过程的基本概念

平行过程（parallel process）这一概念来自精神动力学督导，瑟尔斯（Searles，2015）提出这一概念并将其定义为心理治疗和督导之间的“相互反应过程”。弗里德兰德等人（Friedlander，Siegel & Brenock，1989）指出，平行过程是受督者无意识地将自己展示给督导师，就像来访者将自己展示给治疗师那样。当受督者采纳了督导师的态度和行为并应用于对来访者开展的工作中时，这个过程就逆转了。平行过程不仅是在督导过程中受督者展现来访者特征的单向过程，同样，受督者也会把督导师的反应和态度带回针对来访者开展的咨询工作中，这是一个双向的、相互影响的过程。例如，受督者无意识地把来访者在咨询中经常表现出来的无助状态、抑郁情绪或者对家庭作业的抗拒带到督导过程中，如果督导师没有关注到受督者的这些反应，只关注如何指导受督者解决来访者的问题，受督者就很可能把这种指导性的态度和反应带回咨询关系中，忽略来访者的情绪表现，不仅使咨询关系受到影响，就连受督者和督导师之间也没有建立起相互信任、合作的督导关系，在这种平行状态下很难保证有效的咨询效果和督导效果。如果督导师能够积极回应受督者的情绪，与受督者共同讨论遇到的问题，通常受督者回到咨询关系中也能积极回应来访者的问题，共情其感受。简而言之，就是督导师对受督者好，受督者才会对来访者好。平行过程在督导过程中很难避免，已被认为是督导过程中一个鲜明的、具有标志性的现象。

（二）平行过程的处理

平行过程体现了咨询关系、督导关系两个关系系统之间的循环，在督导过程中可以借助平行过程来实现两个关系系统的良好循环。当受督者意识到与来访者和督导师的平行关系后，他可能会更好地理解来访者的心理困扰或失调。同样，当受督者像督导师对他所做的反应那样来对来访者做出反应时，他对咨询或治疗过程的理解也会加深（Russell & Petrie，1994）。

平行过程并非无益，反而可以帮助督导师和受督者更好地理解来访者以及来访者与受督者之间的互动。但督导师不仅要指出平行过程，还要尝试其他工作。首先，督导师与受督者要明确讨论受督者—来访者关系模式所反映的督导师—受督者关系模式，反之亦然。讨论之后，督导师要继续监管后续受督者理解来访者及对来访者开展的工作（Tracey，Bludworth & Glidden-Tracey，2012）。其次，当受督者觉察不到或者不承认平行关系时，督导师可以运用其他的教育策略。比如，由受督者扮演来访者，督导师扮演受督者，通过角色扮演获得更清晰的画面（Carroll，2007）和对平行过程的理解。再次，动机性访谈的使用。研究者建议可以使用动机性访谈（motivational interviewing，MI）来帮助受督者理解平行过程，尤其是在受督者对平行过程的含义认识模糊不清时（Giordano，Clarke & Borders，2013）。最后，督导师还可以在与受督者的互动中向受督者示范如何对来访者的问题做出反应，不一定直接说出或者直接与受督者讨论这种平行过程。例如，来访者是过度自我批评的，受督者也会在督导过程中有过多的自我批评和自我否定，督导师可以指出受督者的积极特点并给予其支持和鼓励，关注受督者的经历和感受。

平行过程的实证研究发现，受督者作为治疗师将督导过程中与督导师的互动模式带回治疗过程中，似乎自己在扮演督导师的角色（Tracey，Bludworth & Glidden-Tracey，2012）。

案例 4-4：督导师 H 发现受督者 A 在督导过程中总是认为自己的咨询能力有问题，希望督导师指出自己的问题，给自己一些具体的建议，却不愿意执行督导任务，拒绝写督导反思。A 在督导中提到来访者每次咨询结束前都答应完成家庭作业，但一次也没有完成。来访者总是说自己感觉很糟糕，觉得没有达到咨询师的要求。受督者 A 也感觉自己没有达到督导师的要求。

案例 4-4 中体现了这种平行过程。在咨询过程中，来访者感觉自己没有达到咨询师的要求，抗拒完成咨询师布置的作业；咨询师无意间也把来访者的这种糟糕的反应和态度带到督导过程中，同样没有积极反馈督导师的问题，没有完成督导师布置的督导反思作业。在这种情况下，督导师要觉察到：直接指导受督者处理来访者的问题可能会帮助受督者掌握一些方法和技能，但也会让受督者产生无能感。督导师可以向受督者示范如何确认自己的感受，如何就来访者的感受和问题进行回应。以下是督导师在觉察到平行关系后与受督者的对话。

督导师：我想我是不是过于仓促地告诉你处理个案的方法，而没有给你机会来谈谈你关于个案不写咨询作业的想法？

受督者：我在咨询中感觉很差，这使我怀疑我自己。

督导师：这是可以理解的。当来访者出现不写咨询作业、不按时来咨询，以及不说任何原因就退出咨询的情况时，所有的咨询师都会怀疑自己。我也有过这种经历。

受督者：是这样啊。

督导师：我们可以谈谈咱们之间的工作吗？我发现来访者的情况似乎影响了你。

受督者：我不知道你会怎么评价我对来访者所做的工作。

督导师：看起来你在想，我是否会因为来访者不写作业而对你评价很差？

受督者：但我觉得自己很差劲。

督导师：那我们应该讨论下这个问题。我意识到我没有给予你所期望的反馈和支持，这让你感觉很不舒服。

受督者：我也应该反思我的问题。也许我应该跟我的来访者讨论她为什么不写作业，了解她对家庭作业的态度和对咨询的期望，而不只是在那里指出她的问题。

受督者在咨询关系中处于权威地位，但在督导关系中处于从属地位。在探索同行过程时，督导师要关注到督导关系和咨询关系（Ladany，Friedlander & Nelson，2005）。在上述案例中，督导师在对受督者做出积极回应的过程中，也向受督者示范如何回应来访者的需要和问题。如果说回应（responsiveness）是好的心理咨询和治疗的核心，那么回应也是好的督导的核心（Friedlander，2012）。

此外，一些督导师过于频繁或者不加批判地提及平行过程，但当时可能并不存在平行过程（Stadter，2015）。受督者在咨询关系和督导关系中遇到的问题可能与受督者个人议题或者缺乏必要的咨询技能有关。这种情况下就不能一概而论都归于平行过程。例如，受督者由于咨询技能不足，无法给予来访者希望得到的帮助，这让受督者非常苦恼，想通过督导得到帮助，但如果督导师也无法给予受督者所预期的帮助，督导师也会因此而苦恼。这种现象可能会随着受督者咨询技能提高及督导师的经验积累而有所改观。

督导师可以寻求“督导之督导”，以提升督导胜任力，更好地帮助受督者。这种情况下，平行过程也会拓展到“督导之督导”这一关系中，督导关系系统中就包含了来访者、受督者、督导师、督导师的督导师。这在高校学历教育和咨询机构的督导中比较常见，例如：博士生为硕士水平的咨询师提供督导；机构内的督导师为本机构内的同行督导，然后自己再寻求高一级督导师的督导，这其中可能会有来访者—受督者关系、受督者—督导师关系的双向反应过程，也可能会有与督导师和受督者经验不足或专业技能缺乏有关的问题。因此，要结合具体情况来分析和处理督导中的平行关系。

二、同构现象

同构（isomorphism）这一术语源自希腊文“isos”（相同）和“morph”（形状或形式），是指治疗与督导在相互关系和结构上的相似性。同构现象是指治疗与督导之间出现复制的现象，两者尽管内容不同但形式和结构相似，有相应的组成部分和过程（White & Russell，1997）。

在家庭系统理论看来，督导是治疗的同构体，要对这两个过程采用同样的原则（Liddle，1986）。例如，在家庭系统治疗中，如果来访家庭中一个成员向治疗师求助，其他家庭成员则在旁观望。在督导过程中，作为治疗师的受督者向督导师求助，督导小组内其他的成员也处于观望状态。如果这个家庭中父母的目标是希望对孩子坚决一些，那么治疗师也要先对父母坚决，督导师在督导中同样也要对受督者坚决。治疗关系和督导关系都具有同样的结构，传递着类似的信息。

三、督导中的人际三角关系

卡普罗（Caplow，1968）指出，三角关系是一种社会结构形态，在任何一种三角关系内，如果其中两人联合起来，第三人可能显得边缘化或者处于这两人的对立面（Bernard & Goodyear，2019）。督导中的人际三角关系是指督导师、受督者、来访者三人的关系。这三者权力最大的是督导师，权力最小的是来访者，而且督导师与来访者极少或没有机会面对面建立直接的关系，所以这两人是不可能结盟的。更可能结盟的是督导师和受督者，因为他们通常要讨论来访者的情况。受督者和来访者也可能会形成针对督导师的联盟。

督导中的人际三角关系还表现为，受督者也可能与其先前的督导师或者指导老师结盟。例如，受督者告诉督导师，其先前的督导师与目前的督导师在某些方面所说不同。接受博士生督导的硕士水平的咨询师也可能提到，导师所讲的某个方面的问题与博士生的督导有差异。当受督者这么做的时候，当前的督导师就被无意中置于孤立的第三方位置了。当出现这种情况时，当前的督导师可以和受督者回到督导协议中重新讨论或修改督导目标和督导任务，并给予及时的回应和反馈，避免有问题的三角关系。

第四节　督导关系的建立

一、督导关系的影响因素

（一）个体差异及发展差异的影响

督导师和受督者的个体经验及特质都会影响督导关系质量和督导效果（Bernard & Goodyear，2019/2021；沈黎，邵贞，廖美莲，2019）。督导关系是督导师和受督者两个个体独特性的共同产物，这些独特的个体变量包括认知风格、认知发展水平和文化背景等。其中，认知风格是指个体偏好使用的信息加工方式，认知发展水平包含个体认知水平、职业经验水平、多元思维能力等，个体的认知方式在建立和监控督导关系方面具有重要作用，督导经验与其认知发展水平关系密切。咨询和督导都是在多元文化背景下发生的，督导师要意识到自身的特权和影响力，避免做出不公正的评价，要具有多元文化的理解力和涵容能力。

（二）受督者和督导师的因素

受督者的阻抗会影响督导关系，主要表现为受督者抵抗督导师的影响、抵抗督导体验本身、不执行督导任务、不执行双方达成一致的关于来访者的治疗计划。利德尔（Liddle，1986）提出，应当把受督者的阻抗理解为他们在应对焦虑和压力时所采取的一种自我保护行为。与受督者的阻抗有关的因素包括依恋风格、避免羞愧、受督者的焦虑、胜任感需求及对督导师的移情等。督导师要以好奇和开放的态度对待受督者新的想法，确认和鼓励他们所使用的技术，促进其对限制的觉察等，这些都可以促进多元观点的呈现，增强受督者的自我觉察、创造性与热情，缓解他们的阻抗反应。

督导师的依恋风格、人际影响力以及对受督者的反移情也会影响督导关系。督导师在督导关系中的权威性和影响力可以保护来访者的健康利益，促进受督者学习。督导师的反移情源于其在督导情境中被激活的内心冲突，由受督者的人际风格引发，源自督导师自身某些尚未解决的个人问题。督导师的反移情表现在以下方面：第一，偏爱受督者；第二，对受督者抱有过高的期望，当期望未达到或者遭到拒绝时，出现沮丧甚至攻击受督者；第三，为得到受督者的认可而与其他督导师竞争；第四，因自恋倾向而需要受督者的尊重，偏离了正确的督导任务；第五，暗中鼓励受督者反对其所在机构等。督导师本人要充分自我觉察，妥善处理反移情对督导关系的不利影响，必要时需要寻求上一级督导师的督导。

二、督导关系建立的背景

督导关系是基于督导目标而建立的一种非人际的关系。督导关系的建立发生在不同的专业发展环境中。

督导分为在职督导与职前督导两类。在职督导主要是指对正在从事心理咨询工作的专业人员定期进行的督导，以协助他们处理疑难个案，提升专业胜任力。这一类主要包括中国心理学会临床心理学注册工作委员会在全国范围内建立的心理咨询与心理治疗督导培训项目点、注册系统认证的连续培训项目的督导。职前督导主要是指学历教育中的督导。例如，大学里的社会工作、心理学、教育学等相关专业学生在学习咨询知识与技能的过程中，由督导师对他们参与实际咨询工作的实习给予指导和协助，以培训学生作为合格咨询人员所应具备的知识和技能。目前，在我国一些高校的临床与咨询专业的硕士研究生培训项目中，实习咨询师必须接受系统的督导。职前督导在高校学历教育中目前有三种形式：一是由博士生为硕士水平的咨询师提供督导，再接受导师的督导；二是由其他导师为自己的研究生提供实习咨询督导，或者是具有督导师资格的导师之间交换督导对方的学生；三是由已经毕业且正在执业的硕士或博士为在读的硕士研究生提供督导。

一般来说，学历教育体系内的督导以系统的、连续的督导为主，系统培训项目中的督导多是针对非学历教育的从业人员以及专业性强但职业化水平有待提升的少数接受过学历教育的学生。此外，还有针对特定专题或类型的督导，如伦理督导、评估与诊断的督导，或是焦虑症、强迫症等专病模式的培训和督导。但总体而言，我国目前缺乏完善的督导体制和规范，能够得到规范的系统督导的心理师也是少数，许多从事心理咨询工作的人员未接受过临床与咨询心理学专业的学历教育，专业化和职业化水平有待提升。

三、督导关系建立的过程

（一）督导师与受督者的相互选择

督导关系的建立始于督导师与受督者的双向选择。目前我国认可的督导师是经中国心理学会临床心理学注册工作委员会审核通过并有效注册的临床督导师。受督者可以从中国心理学会临床与咨询心理学专业机构和专业人员注册系统的官方网站（http：//www. chinacpb. net/public/index. php）了解各位督导师的理论取向、学历背景、督导风格等，主动选择督导师。

受督者也要向督导师介绍自己的学历背景、专业成长和发展历程、曾接受的继续教育及培训情况、咨询和督导经历；介绍自己是否在合法的心理咨询或治疗机构从事与咨询或治疗相关的工作；介绍自己是否具有专业资质；介绍自己是否有接受督导的主观愿望。通常受督者自行选择督导师，或者由所在的咨询机构或单位决定督导事宜。

督导师与受督者最初的见面和沟通是督导关系的开始，包括双方基本的自我介绍、双方对督导期待的了解以及其他若干需要达成一致的内容的讨论。

（二）签署督导协议

督导协议的目的是帮助督导师和受督者建立关于督导过程的明确期望（Bernard & Goodyear，2019/2021）。督导协议的内容通常包含：对督导的理解、督导目标、督导任务、督导设置（如督导地点、时间、方式、费用等）、特殊议题的处理（如突破保密等一些伦理法律议题），等等。协议的内容可以随着督导进程进行修改和调整，在督导过程中遇到的任何问题都需要回到督导协议中商讨。

督导协议的相关内容见第三章“督导评估”。

（三）督导过程中的互动

督导过程中的互动是实施督导协议的过程，也是一种共同的会商、探讨和反馈。例如，督导师和受督者不是持同一个理论取向。在督导过程中，督导师觉察到受督者并不认可自己的评估和观点；受督者也感觉督导师的某些观点与自己先前受训中获得的观点不同，但又怕得罪督导师而不敢提出自己的疑问。这种情况下，督导师与受督者不要回避，而是要就这些问题共同讨论。督导师要了解受督者的理论取向，并说明自己在咨询上的优势和局限、双方在理论上的匹配程度和差异、可以做什么、不可以做什么、能做什么和不能做什么等。这种真诚的讨论反而更可以让督导师和受督者充分表达各自的观点，分享感受，从而加强和巩固情感联结。

如果督导师在督导过程中遇到一些自己无法解决的问题，不要避而不谈，可以寻求上级督导师的督导，即“督导之督导”。在我国目前的高校心理咨询服务中常会出现这种情况。

四、建立有效督导关系的促进条件

（一）共情

共情是督导师尝试理解受督者的世界，看到受督者所做的努力和对来访者的帮助，能够设身处地，基于受督者的需要来提供帮助。

（二）尊重和真诚

督导师也要无条件地尊重受督者，相信受督者可能会有担心被评价的焦虑、不适和在咨询中遇到的挑战与困难等。可以通过独特的、文化适宜的目光接触和身体语言以及对积极层面的认同来表达尊重。真诚是指督导师和受督者以适宜的探讨模式分享咨询中人性的一面。但真诚不意味着督导师可以直接表达对受督者的伤害性的看法。

（三）立即性和具体化

立即性是指督导中讨论的内容聚焦于此时此地督导师与受督者之间的互动，聚焦于当下的关系及当下受督者遇到的问题，促进有效督导关系的建立。具体化是指督导师表达与受督者专业发展相关的思想、情感、行为和体验，提供具体的、直接的反馈，也传达出共情和尊重。

（四）对质

对质包括督导师分享与受督者不一致的情感、态度和行为，帮助受督者获得较为深刻的专业上的觉知。对质的使用是基于督导师认为可以帮助受督者获得自我理解和为改变承担的责任，不是为了满足督导师惩罚、批评受督者或者寻求优越感的需要。

专栏

督导师问与答

问：我是新手督导师，有时感觉不能帮助到受督者，产生无力感和受挫感，但我发现这些感受并不是咨询师带给我的。我很困惑，这是不是平行过程？

答：平行过程反映了咨询过程与督导过程之间双向的、相互的影响。在督导过程中，受督者可能会展现出来访者的特征；同样，受督者也会把督导师的反应和态度带回针对来访者开展的咨询工作中。通常情况下，平行过程很难避免；运用得当的话，平行过程有助于督导师和受督者更好地理解来访者以及咨访关系。需要注意的是，受督者在咨询中遇到困惑，无法给予来访者所希望的帮助，产生无力感和受挫感；同样，督导师也会有类似的经历和体验。但这不一定就是平行过程。这可能与受督者和督导师的个人议题及知识技能有关，这种现象会随双方专业胜任力的发展和提高有所改善。

问：在督导实践中，督导师的自我表露是否会影响督导关系？何种程度的自我表露是合适的？

答：在督导实践中，督导师的自我表露的确会影响督导关系和督导效果。如果督导师在督导过程中完全没有自我表露，受督者会感觉与督导师有距离、督导师不好接近或者看起来比较“冷”，担心被督导师评价而不敢真实反馈；如果督导师自我表露过多，其在某种程度上可能会忽略受督者的需求，影响督导关系的专业性和权威性。所以，督导师适度的自我表露可以保持督导关系的健康边界，也使受督者感觉督导师好沟通，感受到被理解和被支持。

要做到适度的自我表露，督导师首先要了解受督者的督导目标、督导期待、专业发展情况等，有针对性地适当表露；其次，督导师的自我表露要符合督导伦理，要在有助于督导工作联盟建立的前提下进行；再次，督导师要有敏锐的自我觉察，灵活调整自我表露的程度；最后，督导师的自我表露还要考虑多元文化的差异。

问：我在大学生心理健康教育中心做兼职督导师。在团体督导中，受督者的个体差别很大，有的是实习督导师，有的是比我年长的兼职心理咨询师。有时，我与受督者的理论流派也不同。如何处理督导关系对我来说是项很大的挑战。

答：这个问题目前也是许多高校或高职院校心理中心面临的普遍问

题。目前，我国督导师人数相对较少，咨询和督导的相关制度或机制有待发展完善。就问题中所提出的现象而言，可以考虑以下几种处理方式。首先，要在督导协议中事先明确这些差异，讨论这些差异可能给督导关系带来的影响。其次，当这些差异影响到督导关系时，督导师与受督者或团体成员共同讨论该如何处理，不要单方面武断决定。对这些问题隐而不说或者说而不明，反而更影响督导关系和督导效果。例如，当督导师与受督者观点不一致时，双方要看这些不一致具体是什么，是理论观点上的分歧还是个人议题上的分歧，这些分歧是否与督导目标有关，等等。讨论的过程及解决的办法要完整地记录在督导协议中，并进一步修改形成新的督导协议。如果有些问题经讨论后仍无法解决，可以寻求上一级督导师的督导。最后，可以不断探索和拓展多种灵活、可行的督导形式，加强校际合作互助，充分用好督导资源。

基本概念

1. 督导关系：督导关系被界定为督导的参与者对彼此的情感和态度以及这些情感和态度的表达方式，这种关系是评价性的和有等级的，需持续一定的时间，同时具有多个目标。督导关系渗透到督导过程的各个方面，是一种发展性的、变动性的关系。

2. 督导工作联盟：督导师和受督者为了改变的合作，即“共同合作达到改变的目的”。包括三个核心要素，即目标一致、任务一致和情感联结。

3. 平行过程：心理治疗和督导之间的“相互反应过程”。平行过程不仅是受督者在督导过程中展现来访者特征的单向过程，受督者同样也会把督导师的反应和态度带回咨询工作中，这是一个双向的、相互影响的过程。

本章要点

1. 督导关系的特点：评价性和等级性、目标性、时间性和权力性。

2. 督导关系建立的过程包括：督导师与受督者的相互选择、签署督导协议、督导过程中的互动。

3. 督导工作联盟的影响因素：督导师因素对督导工作联盟的影响、受督者因素对督导工作联盟的影响、督导师与受督者互动过程的影响。

复习思考题

1. 作为咨询师，如何选择适合自己的督导师？

2. 通常督导中的平行关系无法避免，也很难评估和测量。结合实践谈谈如何恰当地处理平行关系。

3. 如果在督导的过程中，遇到受督者反馈“我上一个督导师不是这么说的”或者“我感觉您说的跟我所学的理论取向不一致”，或者受督者有明显的阻抗但又没有明确表达自己真实的想法，作为督导师，你如何应对和处理上述情况？

4. 督导师偏爱受督者，受督者也是督导师忠诚的追随者，这是否说明他们建立了良好的督导关系？结合你的理解，谈谈良好督导关系的特点。你认为该如何建立良好的咨询关系？

5. 督导关系出现问题或者督导关系破裂，督导师和受督者都有责任。结合你的学习和实践谈谈如何修复破裂的督导关系。

第五章

个体督导

本章视频导读

学习目标

1. 了解个体督导的三项功能和个体督导的要点。
2. 了解结构导向与过程导向的临床督导方式。
3. 了解个体督导中不同资料呈现形式的督导设置。
4. 掌握个体督导过程中的要点。

本章导读

A 咨询师做心理咨询已经有 15 年了，她认为自己有丰富的咨询经验，很想以自己的经验来帮助新手咨询师。当她开始为新手咨询师提供服务时，她才发现有咨询经验不一定会做督导。在个体督导中怎样提供督导服务？用什么方式提供督导服务？个体督导的过程有哪些要点？我们邀请 A 咨询师来学习这一章，帮助 A 咨询师成长为一位合格的督导师。

第一节　个体督导概述

伯纳德和古德伊尔（2019）对个体督导（individual supervision）的定义：一种由资深的专业人员提供给相同专业的资浅人员的介入。这种介入关系是有考核的、长期的，同时负有提升资浅人员的专业能力、监控资浅人员提供给个案专业服务的品质、担任资浅人员进入专业行列的把关人等任务。

在这一定义中有几个关键词："资深的专业人员"是指有一定经验的咨询师经过督导专业学习成为有资格的督导师。"相同专业"是指督导师和受督者是相同专业的人士。资浅的心理咨询师在专业的督导师监督、带领和示范下，取得专业的认同，不断成长为熟练的咨询师。个别督导一直被认为是专业发展的基石，所有的资浅的咨询师都要体验个别督导；实际上，即使是有一定经验的咨询师也需要接受督导来不断提高自己的专业能力。督导师可选择很多不同的干预和方法来开展个别督导会谈，帮助受督者提高咨询服务的能力。

督导干预服务有三项基本功能（Borders，1991）：（1）评估受督者的学习需要；（2）改变、塑造或支持受督者的行为；（3）评价受督者的学习表现。但具体到督导实践中选取什么样的方法，却并无绝对标准。督导师对督导方法的选择会受到很多因素影响。鲍德斯和布朗（Borders & Brown，2006）提出了最重要的六个影响因素：（1）督导师的偏好（受到世界观、理论取向和经验的影响）；（2）受督者的发展水平；（3）受督者的学习目标；（4）督导师对受督者的期望目标；（5）督导师自身作为督导师的学习目标（可能包括对某特定督导干预方法的掌握）；（6）情境因素（例如，实习机构的政策或工作人员的能力、来访者问题的困难程度）。督导师需要同时具备足够的专业技能以及灵活运用这些技能的能力，才能全面考虑到上述六个方面的因素。而督导是否具有结构性更多地受到这六个因素中某些因素的影响。

结构化的干预是由督导师主导的，包含了较大成分的督导控制。而非结构化的干预既可由督导师主导也可由受督者主导，它更多地要求督导师允许学习过程自然发生而不加以控制。如非结构化的现场督导可主要依赖于会谈前的计划、会谈间歇期的讨论和会谈后的总结回顾。在以上六个影响因素中，比如督导师的偏好，对于那些没有耐心或者不喜欢模棱两可的督导师来说，非结构化干预更具有挑战性；对于那些没有计划性、组织学习过程能力较差的督导师来说，结构化干预更具挑战性。

第二节　个体督导要点

个体督导中，督导师和受督者与咨询师和来访者之间有很大的不同。在区辨模型（Bernard，1997）中，督导师担任教师、咨询师和顾问三个角色，这是督导中被公认的三个角色。同时，督导师也被公认为受督者专业成长的“守门人”。

一、督导会谈的重点如何确定

尽管督导师拥有督导的最终决定权，但是他们也应允许受督者对所采用的干预及活动表达自己的看法（Rousmaniere & Elisis，2013）。然而，督导师对督导中需关注的问题需要有一定的意识和工作框架，可以采用主题优先等级法来决定每次督导会谈的重点。这一工作框架帮助督导师在下述九个主题中排列出所需关注的优先顺序：

（1）来访者的自伤或伤人风险。

（2）受督者的专业表现存在问题的方面，尤其是可能损害来访者利益、侵犯边界或可能影响到治疗联盟。

（3）督导师与受督者双方存在的可能损害督导持续性和有效性的情况。

（4）受督者的不诚实与隐瞒信息。

（5）受督者在督导会谈中的付诸行动（可表现为诸如迟到、抵触反馈等一系列行为）。

（6）受督者违背督导协议。

（7）受督者的阻抗行为。

（8）受督者在督导会谈间隔期间的付诸行动。

（9）增进学习的活动。这一范畴包含了督导工作的最大部分。

二、个体督导实施的相关事项

督导的方式和媒介资料是多种多样的，但在实际的实施中，要根据督导师和受督者双方的情况来确定。比如，如果督导师要求严格，需要受督者主动准备一些督导材料，如录音录像、过程记录、个案报告或逐字稿。而如果督导师比较随和，或者受督者因为忙碌而无法事先准备材料接受督导，则受督者只能通过自己对咨询过程的印象与督导师进行讨论，因此督导中提出的问题和例子都不够具体而减轻督导的效果。

督导实施地点的选择最好和心理咨询室的选择一样，需要一个安静且私密的空间，比如安静且私密的办公室或咨询室，这样受督者比较愿意向督导师袒露自己接案时的困难，同时也能够做到更好的隐私保护。

个体督导的时间设置通常为在每周固定时间进行。因为督导关系的建立以及受督者对督导信任感的培养需要经过稳定的时间架构来酝酿，所以督导应该高度重视时间的设置。除非必要，否则最好不要取消、缩减或者变更督导时间。

对于第一次接受个体督导的咨询师而言，有时候不清楚该如何与督导师互动，也不确定要和督导师讨论的内容、什么才是合适的请教的问题。因此，通常在第一次督导见面的时候，督导师应该做以下的说明和建议。

（1）受督者接受督导期间，可以多接一些个案，最好每周所接个案至少两个，不要只有一个，这样做是为了保证有案例可讨论（除了实习咨询师在前两个月只能一周接一个个案外）。咨询个案过少可能导致督导无持续性，不利于协助受督者通过咨询案例实现专业成长。

（2）受督者可以从诸多个案当中，选择一个或两个进行长期的心理咨询并每周固定进行督导讨论，而其他的个案可以根据需要偶尔提出来讨论，这样做是为了更好地帮助受督者核查和反思自己的咨询历程，也可以有机会观察个案如何变化；如果每次都督导新的个案，就不容易看到咨询的历程和个案的转变。

（3）受督者可以充分利用督导的时间来帮助自己成长，包括个人成长和专业成长，有个案的时候可以讨论个案，没有个案的时候可以讨论与自己相关的个人议题和专业成长问题，如无法准时结束会谈、不知道如何撰写个案记录与案例报告、不知道如何处理有自杀危险的个案等问题。

（4）督导师和受督者初次见面时，可以就双方的期望进行充分的沟通。签署并逐条讨论《督导知情同意书》，例如督导师是否要求撰写督导记录，要求受督者阅读哪些参考书籍或期刊论文；受督者可以提出自己的需求，例如受督者是否需要督导考核评分，受督者的个案记录是否需要督导师协同签名等。

三、在个体督导中督导师的关注点

督导师工作的切入点是要帮助受督者在以下四个方面觉察，即受督者知道他所知道的、受督者不知道他所知道的、受督者知道他所不知道的、受督者不知道他所不知道的。尤其是促进受督者觉察其不知道的部分，督导师也要帮助受督者了解他不知道他所知道的。受督者有时候报个案时，原本做得挺好，但不知道什么地方好，督导师就会和他讨论“你刚才做的在我们咨询理论里是什么”。这是非常好的鼓励支持受督者的方式，能够帮助受督者提升信心。再如，受督者不知道他不知道的。有时候，受督者提出了督导问题，比如受督者提出他不知道怎么和某一个案建立关系，而督导师在督导过程中发现受督者对个案概念化不是很清楚，当和受督者讨论如何将学习过的理论用到个案身上时，受督者才真正理解了个案，这可以看成受督者不知道他所不知道的，这也恰恰是督导师要帮助受督者的地方，即提高受督者的理论水平（如理论和咨询技能）。

基于胜任力的督导模型在督导实践中是非常有用的。胜任力督导模型有三个部分：一是知识的部分，包括心理学基础知识，心理咨询的理论，心理咨询的方法，人类心理的各类知识，社会学、人类学、哲学学、宗教学等的知识；二是能力的部分，涉及心理评估与诊断、治疗性会谈、个案概念化、干预等方面；三是态度或价值观部分，涵盖伦理、自我照顾和多元文化等。作为督导师，在进行个别督导的时候，脑海中要有胜任力督导模型的图像，了解受督者的知识怎么样、技能怎么样，有时候工作开展不下去是不是和他的个人议题有关，等等。

四、督导的方法、形式和技术

督导的各种技术、方法以及范式一直在持续发展，督导师可选择的方法具有多样性。本章我们将回顾各种督导方法，说明使用各种方法的一些基本原理，并分析这些方法的使用频率及其相应的优点和缺点。

督导师在选择干预方法时有很高的自由度。即使督导师坚持认为咨询工作中某一方面至关重要（比如，与来访者建立共情关系），也可以通过不同的途径帮助受督者达到目标。如果某种督导方法不能提高受督者的专业能力，那么这种方法可能是不适合的。督导的前提就是，受督者还没有足够的能力去独立自如地处理各种不同的来访者的问题。因此，选择督导方法的一个重要标准就是必须对受督者的胜任力水平进行判断。值得注意的是，督导师的首要职责是保护来访者。如果督导的结果不仅使来访者免于伤害，而且使来访者有所进步，督导就更有价值。

没有哪一种理论是十全十美的，也没有哪一种督导方法能证明是无可取代的。督导的最佳状态是在权威与谦逊之间保持一种健康的平衡。如果督导师在感到困惑时能全力以赴去解决问题，这正好向受督者示范了专业成长的必要条件。

第三节　结构导向与过程导向的临床督导

在学历教育和非学历教育并存培养临床心理咨询专业人才的今天，咨询师的受训背景十分复杂：有心理学博士，有精神科医生，有临床心理硕士项目学生，还有学士学位的心理学学生。更多的是非学历教育的咨询师，他们已经获得国家心理咨询师二级或者三级证书，从业了很多年，也有的人拥有执业资格很多年，但是他们接待来访者的次数并不多。他们的受训也非常复杂，有的人接受了比较系统的专业训练，有比较好的理论基础；也有的人接受的训练不太系统，各种心理咨询的理论都学了一些，在临床实践上，想用哪种理论进行来访者概念化或者指导咨询实践就用哪种理论。督导实践也各种不同。

作为实习项目里面的督导师，对受督者是连续进行督导；但是，作为团体督导中的督导师，可能只有一次机会对受督者开展工作。那么，在一次督导中，督导师到底要专注于哪一个方面？是专注于技术指导，还是专注于咨询师的感受？本章把专注于技术指导的督导称为结构导向的督导，把专注于咨询师感受的督导称为过程导向的督导。督导师需要处理和平衡过程导向和结构导向。此外，督导师是专注于受督者提出的问题，还是专注于受督者的来访者概念化？督导师有责任了解每名受督者的需要，并提供给他们需要的东西。

咨询师有时候在某一方面很强、在某一方面比较弱，督导师训练他们，既有整合也有平衡。在不同的督导情形中，督导师既可以采用结果导向的督导策略，也可以采用过程导向的督导策略。对于受督者，督导的方式根据他们的经历和受训背景而有所不同，但其实差异也没有想象的那么大。即使是一位娴熟的咨询师有时候也会被一些基本的心理咨询方面的问题困扰。另外，一些咨询师只接受过很少甚至没有接受过正规的学院式教育，却能够用他们的聪明才智很好地进行咨询和干预。从学位和受训背景是看不出一位咨询师究竟如何的。一名受督者会变成什么样的咨询师是难以预计的，但这恰恰是督导师的工作中有趣的一部分。

有些受督者觉得对来访者进行诊断性访谈很困难，尤其是对于心理发育程度不高的人。比如说，你不可能对一个六岁的孩子进行标准的精神检查，你几乎得不到太多信息；相反，如果你观察儿童在游戏中的行为，你会得到很多信息。如果你事先制定好了一个明确的计划，比如检验儿童的社交行为，检验他是不是对刺激有反应等，那么你从这个游戏中观察到的信息就很有诊断价值。

要教会受督者很好地评估来访者。督导师一定要想一想：受督者的需求是什么？怎样才能给每名来访者提供最好的帮助？有的受督者不需要什么诊断标准、诊断手册，他们想认真倾听来访者，观察他们的情绪和反应。有的受督者需要很明确的指令和工具，他们能据此标记出来访者的病态行为。这些都是受督者不同的需求。

督导关系不同于咨询关系。督导师时而是教师，时而是资讯的提供者，时而是咨询师。作为督导师，可以直接告诉受督者遇到某种情形时理论上应该如何处理。有时，受督者想从他的督导师那儿得到的就是下一步的具体做法。往往在受督者感到不安全、无助的情况下，受督者会直接问督导师怎么办。受督者在遇到危机情境时，或者在涉及咨询边界的问题上，都迫切地希望得到直接的引导。无论受督者是不是害怕这些情境，督导师给出明确和直接的指令都无疑是有帮助的，就像在一场海上风暴中提供了一处安全的港湾。

在心理督导中，结构和过程的关系很像阴和阳的关系，互相制约，达到平衡。督导师要让结构和过程两者充满整个督导的过程。我们之前讨论过，很多学派都有它们认为最好的督导形式。这些学派关注督导师的理论取向，关注不同理论取向之间的差异会在督导中产生怎样的动力和张力。张力往往是在督导中，在督导师和受督者的舒适程度不同的情况下产生的。这种张力的一端是较多的教导性和指引性，是注重结果的临床督导，我们称之为阳；另一端是较多的探索性和关系性，我们称之为阴。这就是督导中的阴和阳，类似中国道家的阴和阳。

一、结构导向的临床督导

结构导向的临床督导，是指督导师完全在技术指引下面向受督者开展工作，督导师会教受督者如何运用各种技术。这种模式下的督导师是教导性的，教授受督者技术，展示的是教师角色。所教内容包括怎么做咨询和治疗、怎么建立工作联盟、用哪些具体的技术、有哪些理论要点、要看哪些阅读材料、该说什么话、不该说什么话、该怎样说话等。目标是教会受督者运用特定的技术做咨询或者治疗，督导师要评估受督者运用这些技术的熟练和精通程度。

在这种模式下，受督者成功与否取决于其是否精通督导师教给他们的技术。这种督导风格非常适合新手咨询师。它的优势是，受督者可以从督导师那里获得直接的答案，尤其是在受督者感到不安全、很无助的情况下，受督者会感受到督导的指导价值。这种模式特别适合受督者遇到危机情境或者涉及治疗边界的问题的情况。

结构导向的临床督导的劣势是，受督者的想法、技术可能没有被重视，也许有时受督者会感到无聊和枯燥。

结构导向的临床督导风格采用的是社会角色理论中的教师角色，一般受督者水平处于整合发展模型中的新手咨询师水平。对于新手咨询师、焦虑的咨询师、处在危机中的咨询师，适当的结构导向的督导非常必要。随着受督者逐渐获得经验，他们就能够承受一点咨询或者治疗中的不确定性，那时督导中结构导向的督导内容可减少，过程导向的督导内容可增加。督导关系有时呈现平行的咨询关系。在咨询关系中，咨询师有时使来访者处于挑战和支持的平衡中，促进来访者改变。督导师也是一样，也要在督导中让受督者处于挑战和支持的平衡中。

二、过程导向的临床督导

过程导向的临床督导，是指督导师与受督者一起检验咨询或者治疗的过程。这种情况下的督导不是直接给出答案或者演示技术，而是对受督者自身进行探讨。督导师鼓励受督者表达情感，表达他们对咨询或者治疗的想法。这既包括受督者对督导过程进行评论，也包括受督者对自己在治疗和督导过程中的思维和情绪的探索。督导的目的是让受督者尽可能地探索，探索做治疗的体验，探索任何潜意识冲突、焦虑等妨碍他们成长的地方。

这种督导中，受督者成功与否取决于其在多大程度上展现出自己的咨询或者治疗风格。督导师关注受督者的感受，启发受督者对自身的探索，帮助受督者发现自己的性格特点，如优势领域或局限领域，或者咨询或治疗的擅长或局限，体验咨询师作为咨询工具的意义和价值。过程取向的督导会给受督者带来自我觉知，可以使受督者感受到在咨询、督导、社交中无处不在的平行过程。

过程导向的督导风格的局限是，急于获得技术答案的受督者常常会得不到想要的结果。

过程导向的督导风格采用的是社会角色理论中的咨询师角色，受督者水平处于整合发展模型中的小成或者大成的咨询师水平。督导师根据他们的受训背景和个人背景，可以找到他们独特的教学风格，来保证督导的灵活变通。行为主义导向、问题解决导向的督导师可能会倾向于结构导向的督导，而心理动力学或者关系导向的督导师会倾向于过程导向的督导。不同学派之间、每种学派内部的督导方式都不尽相同。另外，督导师和受督者之间的互动方式也会影响督导方式的使用。

三、做一名灵活变通的临床督导师

在督导和治疗中，最关键的不是要遵循结构式或者过程式的督导，而是应该根据受督者的性格特点和受训背景，以及专业发展水平，选择当下最合适的方法，给予受督者适当的督导。督导师的灵活变通显得尤为重要。

当受督者具备了一定的理论知识但不知道如何将理论知识运用到对个案开展工作中，或者受督者由于自身局限性无法对个案开展工作，或者咨询中出现移情与反移情时，这类情况下的督导不是直接的教导，过程导向的督导是比较合适的方式。此时，督导师可以和受督者一起检核咨询的过程，督导师可以鼓励受督者表达情感、表达他们对治疗的想法，还可以和受督者就督导中的各种过程进行讨论，以及帮助受督者对自己在治疗和督导过程中的思维和情绪进行探索，也许咨询中的移情与反移情也会浮现出来。而对于一名新手咨询师，由于其对理论学习掌握不足，或者对于如何将学过的理论用到对个案开展工作中经验不够，此时，督导师一般使用结构导向的督导方式，帮助受督者确立自己的咨询风格。

在过程导向的督导中，最坏的情况是，受督者和督导师就好像在聊天一样，像是进行一场很差的咨询。受督者经常抱怨说，督导师总是用一个问题去回答另一个问题。尽管这听上去很夸张，但这是这类督导的真实写照。

我们以美国内布拉斯加大学心理咨询中心前主任 Robert N. Portnoy（Bob）提供的督导案例为例说明。

案例 5－1：Steven 今年博士三年级在读，参加了一个 CAPS 的实习项目。Steven 很聪明，说话清晰，和他说话令人很愉快。督导开始的时候，他开始清晰地讲一些诸如他和病人的关系、他在治疗中的感觉等话题。他在治疗中很明确地发现了自己的反移情，并把它归因于自己的童年和家庭环境。既然 Steven 喜欢谈这些过程性质的东西，督导师也很愿意和他进行一番哲学化的督导。

Steven 被分配去治疗一名易怒的、会言语攻击的年轻来访者。Steven 开始很兴奋，他想进行深入的治疗。然而，这名来访者一点也不愿意进行内心世界的探索。Steven 也变得很抵触，不想讨论这个案子。

在督导过程中，督导师发现 Steven 不会进行一些最简单、最基本的操作来评估来访者。督导师相信，在 Steven 的受训中，一些环节被遗漏了。督导师让 Steven 详细地讲述治疗的过程。Steven 承认，在治疗中，他的所作所为会激怒来访者，治疗根本进行不下去。督导师意识到，Steven 在面对一名不愿意参与治疗的来访者时，不知道怎么去建立治疗联盟。于是，督导师给了 Steven 一些很具体的建议。

他们很详细地讨论了椅子的摆放、治疗时长和其他一些干预技术。Steven 后来告诉督导师，他觉得问这些很基础的问题很尴尬，显得他很没有水平。但当督导师一步一步地手把手教他时，他松了一口气。Steven 的脑子里有很多知识，但这些都是用来应对比较健康的来访者的。Steven 缺少如何应对这一类来访者的知识。(Bob，2014)

相比较而言，参与到 CBT 项目里的学生会对自己使用的技术很自信。他们会寻找各种被研究证实的技术，或者是被经验证实的技术，但是他们很少能谈自己的感受，也不能很好地说清楚治疗的过程。这些学生一旦遇到一个不寻常的案例，常规的技术都用不上时，就会变得手足无措。他们不能体会自己的感受。

对于这些学生，督导师会用探索性的督导方式，鼓励他们说出自己的体验、说出自己的感受。遇到某些个案的时候，咨询师会被激惹。而在督导中，受督者又很害怕督导师跟他讲最基本的东西，担心显得自己没水平。这个部分需要督导师一步一步地手把手督导，这样叫探索性的督导模式。在这个过程中，督导师鼓励受督者说出自己的体验和感受，帮助受督者探索。从最基本的训练开始，这种督导会让受督者受益。

案例 5-2：不同于 Steven，Gayle今年博士四年级在读，参加了一个研究导向极强、主要是行为主义的实习项目。在医院的设置下工作让 Gayle

很焦虑，不过她是督导师督导过的最好的学生之一。她喜欢进行心理评估和团体治疗。她很完美，打扮得很好，谈吐举止得体，基本上像一名律师或者商人，倒不怎么像治疗师。督导师对 Gayle 的印象很深刻，为她感到自豪。督导师猜这种自豪的感情对于督导师来说，感觉像是父母对子女的自豪。Gayle 前途光明，非常不错。

当 Gayle 跟着督导师进行第三次督导时，督导师发现她好像不太想进行长程的个体治疗。事实上，在实习项目一开始的访谈中，她就明确表示她的兴趣不在个体治疗上。当时，督导师觉得，出于对职业的热爱，她也许会愿意尝试进行个体治疗，把它作为一种挑战。督导师鼓励了 Gayle 若干次，但她的阻抗比较大。督导师意识到，对她进行的结构化、技术型的督导没有触碰到她的真正问题。尽管这种督导被证明是有效的，但督导师还是要做一些改变，留出了 1 个小时的时间，和她开放式地讨论了为什么她不愿意进行个体治疗。

尽管 Gayle 一开始不想讨论这个问题，但督导师还是要和她讨论。在督导中，督导师根据她的节奏进行，督导也变得不那么有目的性。尽管这场讨论持续了整整 3 次督导，当中充满了令人不舒服的沉默，Gayle 最终还是详细地讨论了她不愿意进行个体治疗的原因。她觉得，进行个体治疗时，一切都是不确定的，和来访者的互动也不是结构化的。督导师发现，她一直在维护自己“好学生”的外表，这给她带来了无形的压力。督导师开始慢慢训练她进行个体治疗。Gayle 需要这些督导，督导师最终也给了她这些督导。(Bob，2014)

督导师对结构化的督导进行了一些调整，留出了 1 个小时的时间和 Gayle 开放式地讨论了为什么她不愿意进行个体治疗。经过讨论发现，这是因为她觉得个体治疗里一切都不确定。督导师也发现，Gayle 一直在维护自己“好学生”的外表，这给她带来了无形的压力。之后，督导师开始慢慢训练她进行个体治疗。Gayle 并不知道自己不知道的，她不愿意进行个体治疗，甚至一开始不想讨论这个问题，但实际上她需要这样的督导。笔者在督导实践中也遇到过类似的情形：学生非常好，很愿意投入做心理咨询，但很害怕自己出错；此时，督导师放慢速度，而不是采用结构导向的督导方式，最后会给予受督者需要的部分。

在督导和治疗中，最关键的不是要遵循结构导向或者过程导向的督导，而是要选择当下最合适的方法，通过督导得到进步和提升。为了能让受督者进步和提升，督导师要具有灵活性。

自然，我们不可能在所有技术上精通，但如果我们能扩展一点，多吸收一点新东西，对大家都有好处。对督导师自己来说，这需要想受督者所想，为了满足受督者的需求挑战自我。为了迎合这种挑战，督导师需要全神贯注地倾听受督者的需求，理解他们到底需要什么。在督导中非常重要的是：督导师清楚受督者的需要，给予受督者需要的部分。督导师要看到什么是当下对受督者最合适的方法，从而灵活变通。所有个案都是独一无二的，受督者也是独一无二的。在督导理论上灵活应对受督者的需要，为他们提供他们需要的督导，这是考量督导工作好坏的一个重要方面。

延伸阅读

受督者的督导状态及其影响因素

1. 期待与焦虑

受督者一般都带着期待与焦虑进入督导。期待的是能够在督导中解决自己在咨询中遇到的问题，帮助自己的专业成长。但受督者的焦虑也是可想而知的，特别是对于新手咨询师和资浅咨询师而言，他们的焦虑主要来自评价焦虑：在督导关系中，督导师具有评量受督者是否具备相关的专业能力的权力，受督者可能因此担心督导师对他的评价结果是不好的；当督导师指出受督者的不足之处时，受督者会因此感受到负面评价。梅尔和卡斯基（Mehr & Caskie，2010）的研究表明，84.3%的受督者在督导情境中有未揭露讯息的经验，且受督者的焦虑情绪会使其隐藏更多的讯息。受督者也可能因为担心自己的表现不佳感到焦虑，而在督导历程中将注意力放在情绪及防卫上，导致无法专注于学习。

2. 咨询困境的讨论与解决是否符合预期

在督导中，咨询师可能会向督导师提出他在咨询中的困境。徐西森

(2015) 研究发现，在督导中讨论咨询困境时，受督者会体验到期待落差、权力差异与调整整合的督导历程。其研究结果为：(1) 初期督导，受督者会体验期待与实际的落差。(2) 当受督者提出咨商困境时，督导师的反应会影响受督者是否要继续自我揭露。当督导师给予时间表达与倾听时，会强化受督者的自我揭露；当督导师很快提问或介入时，则会让受督者停止自我揭露。(3) 受督者感觉到与督导师的权力是不平等的。(4) 受督者尝试对督导过程形成脉络知觉，并且透过个人特质去调整应对模式。(5) 双方在经验冲突后，受督者会整合自我，并调整期待下一段督导关系。

3. 督导历程中的抗拒行为

曾怡茹与林正昌 (2021) 结合中外相关文献及其自身的督导实务经验，整理出抗拒行为包括：表达焦虑感、透露羞耻感、表现出平行历程，以及追求独立自主。常见的抗拒行为及其目的有三：隐藏自己以获取安全感与满足自尊需求，攻击自己以营造出一体感，以及攻击他人以获得力量感。当面临受督者的抗拒行为时，督导者可以从共同拟定明确的督导契约开始，运用多元指标与多元方式进行评量，选择与受督者专业发展阶段适配的督导策略，主动处理受督者的抗拒行为，以及尊重受督者欲独立自主的需求等，做出因应。

4. 受督者事先的督导准备训练

许韶玲与萧文 (2014) 研究了解受督者接受督导前的准备训练对其进入咨商督导过程的影响，结果发现：督导前的准备训练给受督者提供了一个重要的转换过程，协助他们顺利地从督导外过渡到督导内，整体而言，对受督者进入督导过程的学习有相当正向的影响，不仅增进受督者参与督导的能力，亦提升他们投入督导的程度。此准备训练包括 18 小时 6 单元的训练，具体训练内容为：单元一为认识督导之了解督导的意义、功能、模式与方式；单元二为认识督导之了解督导的目标、本质、彼此的角色与责任；单元三为认识咨询师的发展历程（了解咨询师的发展阶段及各个阶段的相关特征；了解自己目前的咨询能力的一般水准、困境与需求，并确立自己未来专业成长的方向；评估自己专业认同的程度）；单元四为对焦虑与阻抗的探索（了解初始咨询师一般的焦虑来源，了解焦虑是自然且普遍的现象，觉察引发个人焦虑的因素，了解个人处理焦虑的习惯性应对方式，学习有效处理焦虑的方式）；单元五为期待、疑惑与担心的澄清以及相关伦理议题的认识（了解一般受督者的期待、疑问或困惑和担心，探索个人对督导的相关期待、疑问或困惑和担心等，了解与受督者有关的伦理议题）；单元六为了解如何进行有效的学习（了解有助于学习的态度、行为、能力以及相关注意事项；探索自己具备的态度、行为与能力，并决定愿意执行的事项）。

第四节　不同资料呈现形式的督导设置

督导资料呈现形式就是指督导的时候用什么方法呈现督导的过程。督导资料呈现形式包括自我报告、过程记录与案例记录、录音、录像以及现场督导等。

一、自我报告

这是最原始的一种督导方式，有研究调查发现自我报告是使用频率最高的一种方式。现在一再要求受督者写督导案例报告，实际就是自我报告的一种方式。这也是受督者认为最有价值的督导形式。

受督者做过一轮咨询以后，对自己的工作进行整理。经常会有受督者说他在整理过程中就有所学习。另外，透过受督者整理的过程，督导师也可以了解受督者的知识掌握程度，受督者是怎么呈现心理咨询理论个案概念化、怎么把心理咨询理论应用于来访者的，以及目标和框架是什么，能看到受督者背后的学理。这种方式是目前常见的，所以一直要训练受督者怎么写案例报告，做案例报告的整理工作非常重要。自我报告适合有一定咨询经验的受督者，比如有两三年或者五年经验。

（一）督导过程

（1）受督者提前准备好自我报告。

（2）通常有1个小时、1个半小时、3个小时不等的自我报告的督导设置。

（3）受督者用20～30分钟简略报告个案及受督者的工作情况。

（4）提出要督导的问题。

（5）督导师提出在报告中不甚清楚的问题，请受督者补充资料。

（6）督导师选择适当的督导理论进行反馈。

（7）受督者对督导进行反馈。

下面介绍咨询案例报告的撰写格式以及督导师如何透过受督者的个案报告来开展督导。个案报告包含咨询师的基本信息、咨询信息、来访者的信息、来访者是如何找到咨询师的、来访者的主诉、评估或诊断、个案概念化、咨询/治疗计划、咨询/治疗联盟、咨询/治疗效果、案例评价与反思、寻求督导的问题以及关键情景分析等13个要点。

在具体操作层面，督导师可以透过受督者呈现的基本信息了解受督者在什么水平，包括他比较擅长什么流派，他的教育背景、咨询实践经验等。做个体督导的时候，督导师要记住，要基于受督者的水平开展工作。再比如，督导师透过受督者如何介绍和整理来访者的信息看到受督者怎么了解和理解他的来访者。

作为督导师，就是透过受督者呈现的对个案的解释和个案概念化去了解他对心理咨询理论掌握多少、能力多少、是否掌握了心理咨询工作的大致框架（如透过情绪的探讨建立关系、发现求助者的问题、进入工作阶段和结束阶段），他在这个过程中是怎么工作的、怎么干预的，最后还有一点：要学会对自己的工作进行反思和评估，看看自己的工作有没有效果。督导师一定要透过案例报告的呈现了解受督者的水平以及他的自我觉察。有的新手咨询师不知道往哪儿走，个案想说什么就跟着走，且走且行，这样会使咨询过程非常冗长，会让个案有厌倦的感觉。督导师要帮助新手咨询师实现个案概念化，制定目标，在呈现咨询过程的学习中提高技能。在案例报告过程中，透过前面的自我报告了解受督者对知识的掌握，再透过录音录像切切实实了解受督者的咨询过程。

（二）优劣势

1. 优势

（1）帮助受督者实现个案概念化更清晰，提高能力。

(2) 检查受督者的专业知识，看到受督者大脑中的框架。

(3) 提高反思和反观的能力。

2. 劣势

(1) 可能令督导师失去对来访者问题的独立判断，没法真切知道来访者的问题。

(2) 难以从有问题的案例出发来直接说明。有的时候可能是个案的问题，但是受督者整理不出来，所以督导师看不到，只能是受督者概念化的观察和发现。

(3) 研究表明，有 50%以上非常明显的咨询问题没有在报告中呈现出来（督导缺失）。在这里讲一下平等的问题：督导和被督导要平等很困难，客观上是不平等的，因为受督者担心被批评，可能在督导过程中有自己的加工，使得真正的问题难以呈现。

自我报告也许看似一种简单的督导形式，但其实很难真正把它做好。在最好的条件下，受督者将同时在概念层面和个人层面接受挑战。

糟糕的是，部分最无效的督导也存在于自我报告中。许多依赖于自我报告的督导师都会陷入停滞状态；督导变得形式化，在不同的督导会谈之间或受督者之间没有表现出明显的差异。在咨询实践领域，很多被认为是个别督导的工作实际上只局限于个案管理。

运作得最好的情况下，自我报告可成为一种很强的导师关系的写照，受督者借助自我报告的形式，对涉及治疗师—来访者关系的个案概念化能力和涉及督导师—受督者关系的个人知识进行精细的调整。而在最糟糕的情况下，自我报告变成了受督者歪曲（而不是报告）自己工作情况的一种途径，无论这种做法是否有意识（Haggerty & Hilsenroth，2011）。如果将自我报告作为唯一的督导模式，那么失败的可能性就太大了。尽管存在诸多缺点，自我报告仍是使用频率最高的一种督导方法。

二、过程记录与案例记录

过程记录是指受督者书面解释，包括对治疗会谈的内容、咨询师与来访者的互动过程、咨询师对来访者的感受干预方式及其理论基础的记录。案例记录就是咨询和督导过程的常规程序。案例记录内容应该包括咨询过程中所有重要的信息，包括所采用的干预方式。所以，案例记录也是对咨询的治疗、管理及法律方面的记录。

（一）督导过程

（1）受督者提前准备好过程记录与案例记录。

（2）通常有 50 分钟的督导设置。

（3）受督者用 10～20 分钟简略报告个案及受督者的工作情况。

（4）提出要督导的问题。

（5）督导师提出在报告中不甚清楚的问题，请受督者补充资料。

（6）督导师选择适当的督导理论进行反馈。

（7）受督者对督导进行反馈。

（二）优劣势

1. 优势

（1）详尽真实再现。

（2）督导更具针对性。

（3）在新手咨询师身上表现比较多。

2. 劣势

（1）缺少互动和非言语信息。

（2）有时候叫“见木不见林”，缺少对个案概念化的把握，陷入细节和局部。

三、录音

卡尔·罗格斯（Carl Rogers）和卡沃纳（Covner）是采用录音技术进行督导的先驱，于 1942 年就已启用录音手段来进行督导。录音技术，以及后来录像技术的使用，引发了督导领域的革命性突破。录音录像资料的特殊价值在于，它不仅有助于督导师及受督者观察到事实上发生了什么，而且可以帮助识别出在其他督导形式下可能不被注意的人际互动过程。

录音督导通常采取全程录音的做法，要求受督者事先与来访者签订知情同意书，在督导中根据督导的目的选取其中一段（5～15 分钟）。在此，特别需要强调签署知情同意书的环节，要求受督者一定要和来访者说清楚录音的目标（供督导使用）、怎么使用（匿名、保密处理）和使用的限制（仅仅在接受督导时使用）；此外，还要特别强调，录音资料应在接受督导后销毁。

（一）督导过程

（1）受督者提前准备好录音资料。

（2）通常有 50 分钟的督导设置。

（3）受督者用大约 10 分钟简略报告个案及受督者的工作情况。

（4）提出要督导的问题。

（5）呈现 5～15 分钟与督导问题密切相关的录音。

（6）督导师在播放录音的同时选择适当的督导理论进行反馈。

（7）受督者对督导进行反馈。

（二）优劣势

1. 优势

（1）手把手教新手咨询师做咨询。

（2）再现互动过程。

（3）更具针对性。

2. 劣势

（1）容易掩饰受督者的防御反应，如受督者有的时候因担心被批评而选择自己觉得还不错的部分。

（2）缺少对个案整体的把握，易陷入细节和局部。

录音督导一般需要结合逐字稿。有些督导师会要求受督者将录音内容转成逐字稿，以此作为督导的基础。这种实践模式的流行程度依国家而有所不同。例如，逐字稿的方式在美国只是偶尔使用，在韩国则非常普遍（Bang & Park，2009）。这种方式在我国也有较多的应用。逐字稿对处于训练早期阶段（比如，第一次实习）的受督者有很大的帮助。咨询会谈的逐字稿为随后的督导会谈提供了数量庞大的资料，尤其对新手来说，这些资料能够产生许多全新的效果。逐字稿帮助受督者对咨询过程做了一次视觉的回忆。详细的逐字稿也使得受督者能发现自己会谈中需要改进的具体地方，他们也更容易对自己的工作进行自我反思。

受督者也报告了逐字稿的消极作用，包括：转录逐字稿要占用大量的时间；分析过程中没有包括非言语的线索和所有的辅助语言；这一方式比其他督导方式更容易暴露出受督者的情设而令人感觉不安；督导过于集中在会谈的内容上（而不是受督者的整体发展）。

由于这种督导方式过于花费时间，以及具有限制性，因此间歇使用或者精简使用这种督导方式（比如，只转录咨询会谈中特定几分钟的内容）可能是这一方式的最佳使用模式。

四、录像

录像督导与录音督导的过程大体一致，也应注意知情同意书的签署。随着技术的进步，对咨询过程进行录像要比以前方便很多。督导师通过录像观看咨询过程会获得更多信息（语言的和非语言的），清晰地知道受督者怎么工作，技术和过程更具针对性。但是，有时候录像只有一个机位，会失去观察来访者的机会，而且录像资料不那么容易获得，对现场要求高。

不管是录音还是录像，往往都会引起受督者和来访者的防御性的反应。

对于来访者的防御，受督者可以这样向来访者解释使用录像的理由："每个人都有盲点，都会犯错误。这可能发生在任何人身上，也可能发生在任何领域。我的策略是从我的临床督导师那里获得持续的反馈，来帮助我发现可以改进的不足之处。获得专家对我的工作反馈，有助于我对你的帮助。"

受督者也可能对录像有防御性反应。受督者回避观看自己的录像，他们讨厌看到自己的错误：在观看自己的工作过程中，意味着要忍受与自我不完美相关的所有的恐惧和痛苦的感受，包括不现实的自我评价。为了解决这个问题，我们建议督导师向受督者示范一种健康的、积极的脆弱性，给他们看自己工作时的录像资料，包括督导师自己犯过的错误。一旦受督者克服了最初的阻抗反应，录像就不会引发他们强烈的焦虑感。

建议督导师在回顾录音、录像时关注受督者的发展水平。新手受训者很容易对咨询会谈中的庞大信息量感到不知所措，督导师可以通过示范哪些是值得注意的重要方面、哪些不大重要来协助受训者的专业发展。胡拉（Hura）等人还建议督导师应要求受督者在督导之前提前观看自己的咨询会谈录像，这样受督者就能比较适应回顾录像时的焦虑情绪，从而在督导中更加聚焦于来访者的问题。

录像督导既需要自发性，也需要计划性。如果录像督导只是对咨询过程从头到尾播放，就会使督导变得没有效率，而且可能变得单调乏味。督导必须有计划性，而且督导师有责任提出督导的计划大纲。在督导关系建立的最初阶段，建议督导师在督导开始之前先听完或看完整个咨询过程，这样督导师可以对受督者的能力有一个大概的了解，同时可以决定选取录音或录像的哪一部分作为督导材料（Borders & Brown，2006）。录像的某一部分的选取应该是有的放矢的，突出会谈中最具建设性的部分、最重要的部分、受督者感到最艰难的部分、强调某个特定主题的部分、令人感到困惑的部分等。督导师在选择某一片段进行督导时要考虑到它的教学功能，从而帮助受督者学习和处理自己感到困惑、迷茫、无法应付或者受挫的部分，继而推进咨询工作。录像回顾作为一种督导工具的有效性取决于对录像内容的仔细筛选。

虽然录像回顾能够高度还原咨询时的状况，但在这个过程中，个人的图像和声音是无法躲藏的，这可能会给受督者造成一定的紧张，督导师必须时刻保持警觉，受督者只有在不受到过度威胁的情况下才能顺利成长。如果督导师先展示自己的录像，再要求受督者播放录像，也是一个不错的选择。给受督者提供督导师自己的咨询范例可以达成多重目标，其中重要的一点就是打破受督者认为督导师能够完成完美治疗的幻象。

人际互动过程回顾（interpersonal process recall，IPR）可能是最广为人知的使用录像的督导方法（Kagan，et al.，1969；Kagan & Kagan，1997）。IPR 的过程比较简单。督导师与受督者一起回顾一段预先录好的咨询会谈过程。在任何时候，当某一方认为咨询会谈中发生了某些重要的事情时，尤其是在受督者或来访者没有涉及的方面，录像就停止播放（在此，双向控制是很有用的，但是示意控制录像播放的一方停止播放也很容易）。如果受督者要求停止录像的播放，他就会先开始说，比如，“我在这个地方感觉很受挫。我不知道她想要什么。以前我们已经讨论过所有这方面的问题。我认为这个问题在上周就已经解决了，但现在它又出现了”。在这个时候，非常重要的是，督导师不能立即扮演教师的角色去指导受督者应该做什么。相反，督导师必须给受督者一定的心理空间来探索解决问题的内部心理过程。人际互动过程回顾比较适合有一定资历的咨询师。

五、现场督导

现场督导包括借助单向玻璃室、使用视频监控设备，或是督导师坐在现场全程观察和参与。古德伊尔教授在来中国进行督导师培训时介绍过耳蜗督导：在现场让受训学生在耳朵里插一个听筒，在咨询过程中督导师给受督者一些指示。还有一种是白板教育，在受督者可见视线范围内有视频（来访者看不见），上面会显示督导师的一些指令。现场督导会中断暂停，给出一些干预。这种督导的方法也有好处：不会让来访者受伤。如果是学历教育中的实习咨询师，实习咨询师不对来访者负责，而督导师对来访者负责，现场督导是非常好的学习方法。

（一）督导过程

（1）咨询与现场督导同时进行。

（2）咨询机构需要有单向玻璃室/通信设备等。

（3）咨询在咨询室内进行，督导师在单向玻璃室内观摩。受督者、来访者都要明了设置并签署知情同意书。

（4）咨询开始。

（5）督导师发现咨询中的问题，及时提出咨询暂停，并进入咨询室给予受督者指导。

（6）咨询结束后，受督者对督导进行反馈。

（二）优劣势

1. 优势

（1）现场语言、非语言信息都会呈现。

（2）可以及时指导。

（3）多适用于新手咨询师。

2. 劣势

（1）容易引发受督者的焦虑、防御反应。

（2）督导师在中间干预个案也可能让受督者不高兴。

（3）设备要求高，难以实现。

（4）对受督者和个案要求很高。

以上是常见的督导时的资料呈现形式。现在通常会用一种整合个案报告法与录音录像法的形式：通过个案报告看受督者对督导理论的整体了解和对个案问题的梳理以及反思，再通过受督者的录音录像逐字稿看具体的咨询过程。我国台湾的王文秀老师使用案例报告逐字稿的方法值得借鉴：用标题标出受督者和来访者之间的对话，第二栏是受督者对咨询过程的思考，第三栏是督导师反馈给受督者的内容。此方法在教学以及督导师培训中已非常成熟，对新手咨询师和督导师的学习非常有帮助。

六、三人督导

在这个部分根据督导的形式，我们专门增加了三人督导的方法，这也是近年国内督导形式中常用的一种。

三人督导是指一名督导师面对两名受督者的督导形式，它是介于个体督导和团体督导之间的中间形态。自从三人督导的标准设立后，美国婚姻与家庭治疗协会（American Association for Marriage and Family Therapy，AAMFT）下属的婚姻与家庭治疗师将这种形式认可为个体督导。2001年，三人督导首次在咨询专业领域内被认可为个体督导的一种形式（council for accreditation of counseling & related educational programs，CACREP，2016）。三人督导有两种形式：分别聚焦形式和单一聚焦形式。分别聚焦是将一次督导的有限时间在两名受督者之间进行分配。而单一聚焦是一名受督者占用一次督导的全部时间，等下次督导就换另一名受督者报告个案，接受督导。研究证明，到目前为止，两种形式都对受督者产生了积极的效果。与个体督导相比，三人督导时受督者对工作联盟的评价更高（Bakes，2005）。三人督导作为一种督导的新形式，具有一定的可行性和相应优势，也面临一些挑战。

1. 三人督导的优势

对于受督者来说：

（1）在督导顺利的前提下，受督者会感觉更轻松、更舒适、更有心理安全感，因为个体不再是督导师唯一关注的对象（Lawson，Hein & Getz，

2008)。

(2) 两名受督者之间可以形成特殊的同伴关系 (Lawson, Hein & Stuart, 2008), 被督导时可以得到更多不同的观点, 互相通过替代学习受益 (Borders et al., 2012)。

(3) 当三人督导运作良好时, 可增强个人在系统中的投入性 (例如, 三名参与者之间自发的、有益的信息流), 促进协同增效 (例如, 团队的相互影响大于个人甚至双方系统所能得到的), 发挥社区的作用 (例如, 在一种彼此负责的氛围下有一个可以随意发表见解的安全场所), 等等。

对于督导师来说:

(1) 会谈气氛更轻松, 增强了观点的多样性。

(2) 削弱了上下级的感觉, 增强了共同合作的感受。

(3) 督导师能够从两名受督者那里获得不同的反馈, 激发督导师自身的临床思维。

(4) 一名受督者的表现有助于加深督导师对另一名受督者会遇到的发展性挑战的共情。

2. 三人督导面临的挑战

被提及最多的两个问题是时间限制和督导伙伴的相容性 (Borders et al., 2012; Lawson, Hein & Stuart, 2008)。

(1) 时间限制。督导师和受督者都感觉时间限制很大, 常常感到必须争分夺秒地工作。也因缺乏足够的时间, 对受督者的工作难以更加深入。

(2) 督导伙伴的相容性。包括发展水平、提供有益反馈的能力, 以及更加个人化的特质, 比如共情能力、温暖等; 还包括依恋风格、焦虑水平、印象管理等。不相容的督导伙伴不仅会影响受督者的行为, 而且会影响督导师的行为。

(3) 如果督导师与两名受督者的三角关系处理不当, 督导环境就会变得不够安全, 同伴反馈受到限制, 自我暴露和即时化的可能性就会变小。

(4) 三人督导形式有时会让督导师感觉负担更重, 要求督导师进行不同的准备以及应用。

3. 三人督导的实施方法

成功的三人督导的关键在于促进不报告个案的受督者处于活跃的角色

状态。途径是：

（1）督导师可借用团体督导的方法，比如要求受督者的同伴从来访者的角度看问题，在呈现会谈的过程中追踪来访者的想法和感受。

（2）可以采用结构化团体督导的方法来提升不报告个案同伴的角色作用，并使该同伴也能为督导过程做出重要贡献。

（3）可以使用角色扮演技术，使得三人督导更加丰富多彩。如三人督导的时间一般为 90 分钟。在前 45 分钟，一名受督者呈现需要回顾的一次会谈的录音录像，接受直接督导，另外一名同伴则是扮演观察者和反思者的角色。在后 45 分钟，两名受督者互换角色，此过程可重复多次。因此，三人督导可以作为一种促进专业行为和自我觉察的途径。

4. 三人督导的控制要素

（1）时间分配：90 分钟的时间设置。

（2）仔细选择督导同伴：相容性。

（3）帮助受督者了解三人督导：督导前的解释说明与引导。

（4）督导评价过程必须单独进行，在督导过程中必要时补充使用个体督导。

第五节　个体督导过程中的要点

个体督导的过程分准备阶段、开始阶段、工作阶段和结束阶段。

一、准备阶段

1. 督导师与受督者双向选择

督导师和受督者自我介绍（如理论取向），最终达成或未达成协议。

2. 确定督导目标

个体督导的目标是：有经验的督导师通过指导协助接受督导的咨询师发现和了解自己在咨询过程中出现的问题，整合所学理论与技术，提高自身专业水平，促进个人成长。个体督导的目标因受督者所处的专业发展阶段不同而不同。例如，受督者是新手咨询师，需要更多的指导；经验丰富的受督者则有能力承担更多的责任。

3. 签订督导协议书

这个过程很重要。从第一次督导开始，督导双方就要认真地讨论督导协议书，包括督导目的、结构乃至费用的问题。督导师在讨论的过程中有责任告诉受督者为什么这样写、这样写背后的意义是什么。有时候甚至要花至少一节督导课来讨论。这可以更好地让受督者投入督导过程，为建立良好的督导关系打下基础。

4. 确定基本设置

包括督导会谈的频率（根据督导目标和需要确定）、受督者承诺定期参加督导、确认如何提交个案，这些都要在准备阶段讨论。

二、开始阶段

1. 建立关系

督导关系非常重要。在建立督导关系的过程中，受督者往往会担心、焦虑，害怕被评价。督导刚开始尤其要避免批评，以帮助营造安全开放的气氛，并且努力创造一个同理、接纳、肯定与支持的环境，让受督者敢于自我表露和乐于交流自己的思想与感受，认真地反省自己的咨询工作。

2. 了解受督者

包括受督者受过什么训练、倾向于哪个流派等。督导双方最好是同流派，但是其实匹配度很难这么高。胜任力督导模型是一种跨流派的督导理论工具，很好用。作为督导师，必须了解每个流派基本的概念。在跨流派的督导中，督导师也可以问受督者对于将其流派用于这个个案是怎么理解的。了解受督者擅长的受训的流派，以及受督者是怎么理解的，有利于建立关系、彼此了解。

三、工作阶段

1. 进行方式

（1）提问与澄清。提问也是非常有技巧的。当受督者被提问时，他可能会怀疑是不是自己做得不够好。督导师要注意避免自己的提问使受督者感到被评价，提问可以侧重受督者对来访者的看法和印象、受督者的感受，以及受督者所用的策略和技巧。在提问中避免使用“为什么”，第一是这种问法容易带有指责和批评的意味，第二是这种问法使人容易陷入认知模式而不容易表达情绪感受。

桑志芹整理了我国台湾的萧文教授循环督导模式的对话句式，这样的句式容易被受督者接受，受督者在不被指责、不被评价的文化氛围下会感觉比较安全，也更愿意敞开心扉。如：

1）你对个案的第一印象如何?

2）你看到了什么?

3）你有何感受?（接完个案后，你对个案的感觉如何?）

4）你对个案的态度如何，或你如何看待个案?

5）你听到了什么?

6）你最深刻的印象是什么?

7）令你感到困惑/困难的是什么?

8）你与个案的关系如何?（觉察。）

9）个案哪些情绪引起你的注意?

10）个案的问题出现了多少次?[与1）问联用]

11）个案对你的反应是什么?

12）你以前是否有相似的接案经历?

13）你觉得有哪些想做而没有做的事情?（可以看到咨询者的个人问题。）

14）列举上次个案令你印象深刻的地方，比如情绪、体态语言等，讲讲看。

15）你觉得在上次咨询中最得意的是什么?

16）你与个案谈什么的时候会有这种感觉?

17）当咨询者不知道什么感觉时可以问：“什么事情让你印象深刻?”

18）“我有个想法，我可不可以把我……告诉你?”

（2）面质。当督导师发现受督者有语言表达与非语言表达不一致，逃避自己的感受与想法，未觉察自己的限制等表现时，督导师指出受督者前后矛盾、不一致的地方，协助受督者对问题有进一步的觉察。

在咨询中使用面质的时机同样适用于督导中，也应该是建立在良好的关系基础上。当受督者在行为、认知、情绪上相互矛盾时，当受督者可能危害到自己或他人的利益时，当受督者采用防御策略、不善用资源、没有觉察到自己的局限性时，都需要督导师恰当地使用面质技术。

面质是帮助受督者提高反思能力的很好的技术，但不能简单直接地说。如果没有尊重、同感，面质就没有作用。督导师的面质不是批评和责备，要配合使用同理和共情。例如，“听起来，你跟个案工作的时候真的非常努力，但是好像你现在和刚才说的不一致”，这个表述让人感觉比较舒服。

案例 5-3：个案谈论跟父亲的关系时表示自己对父亲很愤怒，但咨询师绕开了这个问题，没有给予共情。

督导师可以回应，如：“当那个个案谈到对父亲的愤怒时，你好像很清楚该怎么理解他的感受。可是，从刚才这句话没有看到你在做工作。发生了什么?”轻松的面质可以让受督者停下来。受督者可能回答：“实际上，我的父亲也常年不在家。”这个时候进入个人议题。督导师的任务就是让受督者看到自己的个人议题是怎样影响自己的咨询工作的。

（3）反馈。反馈是规范的和被期待的，正如错误一样。反馈应该反映评估的透明度。反馈是持续的，发生在每次的督导会谈中。桑志芹分享了她在督导中常用的反馈方法：在受督者的个案报告中把重点和关键词标出来，问这个地方为什么这么说、那个地方受督者的目的是什么，这样的反馈对受督者而言都有收获。

（4）促进与引导。督导师通过反馈、交流、角色扮演等方式，协助接受督导的咨询师反思自己的工作，并形成新的思考和策略；鼓励受督者个案概念化；挑战受督者，促使他思考个案的文化背景如何影响个案当前的处境与问题。

督导师帮助受督者，第一是鼓励受督者，第二是协助受督者反思（如果没有反思，受督者不会进步）。比如，鼓励概念化，思考文化背景，理解处境和问题。有时候要带进具体化的过程，在针对个案开展的具体工作中看受督者是怎样了解个案的、他是怎么想的、这么想的原因是什么。这里有一些标准化的语言，使用时非常有效：

1）你刚刚使用的技巧主要是针对个案呈现的问题吗？或：这个想法

主要是基于过去的什么理论？

2）当你用这种方法来处理时，你想到了什么？

3）为何用这种方法？基于何种“假设”（个人的看法）？

4）好，除了这个想法，还有没有其他的想法？

5）你提到的假设是哪个学派的看法？尽量想想，除了这种，还有什么？

6）你怎么看待个案的问题？

7）个案的问题与何种因素有关？

8）个案的问题与生活的关联性如何？你觉得用什么理论可以解释这种关联性？

9）有无其他理论可以解释个案的行为？

10）个案的成长背景有当前行为的关联吗？你基于什么理论看关联？你为什么这样想？当时，你想到了什么？

11）你为何先从个案的这个问题入手？基于什么假设？有什么理论比较接近你刚刚的想法？

12）你觉得有哪些理论会谈到和论述这类个案的问题？你知道吗？可以说说看！（开放的问题）

13）你觉得刚刚讲的理论能解释今天的个案吗？（了解理论与个案特征的关系。）

14）当你看到这个问题时，你想到了什么？有什么东西跳出来？相同的背景、事件？（一定要讨论“个人问题在咨询中的影响”。）

15）（如果假设变化，可以问）：这个假设是怎样改变的？

以上标准化的语言是帮助受督者学习他是怎么理解他学会的理论的。比如刚才用了什么方法、在咨询里面是什么技术，帮受督者了解他用过的部分，发掘受督者用这种方法处理问题时想到什么。这些开放式的问题有时是封闭的，都有助于个案了解和提高反思能力。这些问题让我们在督导过程中帮助受督者了解：除了这个个案，其他个案还会怎么样；受督者是用什么理论解释这个个案的，这些理论是怎么描述这个个案的问题的。这都是协助受督者在他的理论和工作中多一点反思。

2. 选择相关督导理论

一般选择的督导理论工具多是发展模型，还有区辨模型，其中强调教师、咨询师和顾问三种督导师的角色，聚焦概念化、个人化、过程和干预技能（参照第一章的内容。）

3. 结构式督导的示例

结构式督导的重点可分为三个方面：聚焦于信息、聚焦于咨询、聚焦于结果。下面将列举三个方面应该关注的重点问题。

首先是聚焦于信息，包括以下方面：

（1）案例的准备内容：呈现来访者的问题，明确此次会谈的目标。

（2）描述会谈的动力（你对来访者的反应和你们之间的互动）。

（3）描述在会谈中了解到的其他重要信息，包括背景信息。

（4）总结会谈中讨论的关键问题。

（5）描述与呈现的问题有关的文化或发展性的信息。

其次是聚焦于咨询，包括以下方面：

（1）你对来访者问题最初的概念化是什么？

（2）说明你对问题的概念化发生的改变（或者扩展）。

（3）列出相关的诊断或者评估印象，包括：尽可能描述最初的咨询计划；说明咨询发生的改变（或者扩展）；基于你的咨询计划，明确你的下一次会谈的目标是什么。

最后是聚焦于结果，包括以下方面：

（1）这次会谈的目标达到什么程度？

（2）这个个案有没有伦理上的考虑？

（3）分享这次会谈的个人反思。

（4）你有什么具体的问题想问你的督导师？

有的时候，在督导中经常会浮现伦理的问题，这也需要督导师经常保持觉察：在这个部分有没有伦理的问题？这时候，受督者可能不清楚，需要督导师给予解释和指导。

四、结束阶段

结束阶段的工作包括：

1. 评估督导目标是否达成

督导目标应该足够具体，这样当督导目标达成时，受督者才会感觉快到结束时间了。

2. 协助受督者总结督导所获

协助受督者归纳自己从督导过程中所学到的知识，总结自己如何利用从督导中所获得的技能。

3. 协助受督者制定新的专业发展计划

受督者在结束督导体验时有必要制定一份事关未来自我提高的计划。督导师应向受督者指出今后学习的方向。

4. 协助督导师评估反馈

对受督者专业成长的评估；对自己督导工作的反思。

督导师实际也要对自己的督导工作进行反思（见图 5-1)。一般在督导结束的时候，督导师会和受督者共同讨论。

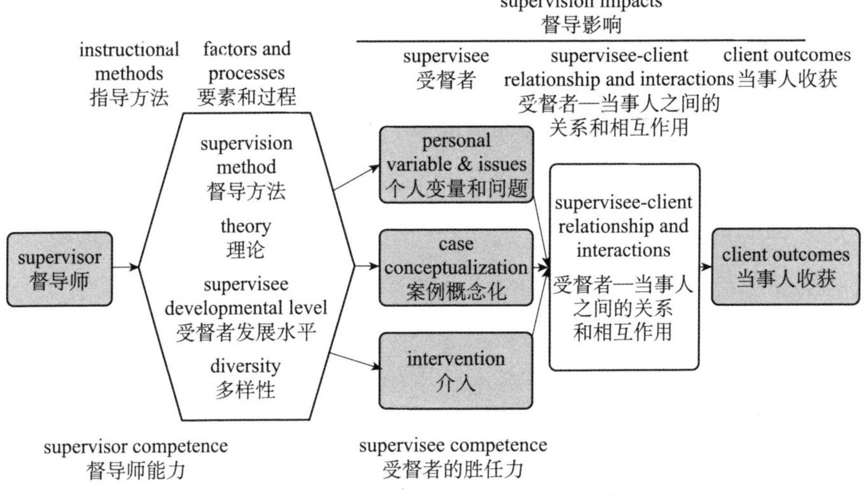

图 5-1　完成督导之后督导师对自己专业成长的反思

资料来源：东方明见 .

延伸阅读

不同取向的督导模式的关注要点

当前，临床督导的模式和取向是多种多样的。依据理论流派的不同来划分，当前广受关注的前沿督导模式如现实疗法督导、阿德勒取向督导。也可以依据督导中关注重点的不同发展出不同的临床督导取向，如多元文化督导、女性主义督导、生态系统取向督导、建构主义取向督导、创造性督导等。这里简要介绍 4 种不同取向的督导的关注点。

女性主义督导是女性主义理论和价值观在监督过程、内容和关系中的应用，是整合女性主义心理治疗原则的督导，包括强调社会背景、倡导多样性、检查性别的社会结构、促进社会正义以及参与反思和专业发展。女性主义督导使用女性主义观点来扩大个案概念化的范围，它尤其关注对社会和妇女生活中的压迫倾向进行批判性讨论，强调关注性别的作用，例如性别是如何被社会建构的，以及关注语言在维持性别社会中的作用。特别是当督导师与受督者性别不同时，督导师需要注意由于性别议题导致的可能出现的任何偏差（Degges-White et al.，2013）。

生态系统取向督导认为，受督者本身代表着社会生态系统的中心，包括微观、中观、宏观系统。微观系统由受督者的同龄人和同事、督导师、培训现场的主管和培训环境组成；中观系统涉及受督者微观系统各方面之间的关系，包括咨询机构以及地方、区域和国家组织对心理咨询与督导的培训政策的支持，整个行业设定的建议和基调；宏观系统为整体行业培训环境的文化和规划（Angelica et al.，2022）。

建构主义取向督导认为督导师应为受督者提供反思和积极构建咨询知识的空间。心理咨询没有唯一正确的咨询方式，而是有无数正确的咨询方式，具体用什么方式进行咨询取决于个案、咨询师和相关的背景因素。建构主义者认为，督导中的不适感是促进变革过程的必要条件，督导师不是试图缓解焦虑，而是鼓励和教育受督者将焦虑视为职业发展的必要条件，但在此过程中，督导关系是帮助达成督导效果的重要因素，督导关系应该遵循人本主义咨询中所概述的核心条件，包括无条件的积极关注、同理心和一致性。建构主义督导师将自己定位为合作者而不是权威专家，帮助受督者发展创造性思维，鼓励他们对不确定性和冒险精神更加适应，减少对失败或苛刻评估的恐惧，同时可以运用隐喻绘画活动、反思性写作练习、沙盘的隐喻表征、言语反思以及基于正念的活动来增强督导的建设性（Guiffrida，2015）。

创造性督导不同于最常用的口头报告的督导方式，它是借助艺术媒体、沙盘或手偶等表达性媒介来进行督导，其中尤以沙盘督导更为普遍（Anekstein et al.，2014）。以语言为主的督导模式较适合偏好逻辑思考、擅长认知及语言讯息表达的受督者（蔡美香，2022）；而创造性督导更适合不善表达的受督者和深入议题的督导主题。创造性督导中的创作作品，包含督导者、受督者及个案三者间的互动关系，这些关系中的象征沟通能通过创作作品加以呈现，并深化双方讨论，协助受督者拓展针对个案工作多元议题层面以及个人内在情感表达，有助于督导关系的建立并提升督导效能。沙盘提供一种弹性、三维空间的表达，协助受督者提升自我觉察与洞察力、体验掌控感、提供界限、处理个人或人际议题、促进情绪宣泄，并让隐喻得以展现（Garrett，2017）。

基本概念

1. 个体督导的定义：一种由资深的专业人员提供给相同专业的资浅人员的介入。这种介入关系是有考核的、长期的，同时负有增强资浅人员的专业能力、监控资浅人员提供给个案专业服务的品质、担任资浅人员进入专业行列的把关人等任务。

2. 督导干预服务有三项基本功能（Borders，1991）：（1）评估受督者的学习需要；（2）改变、塑造或支持受督者的行为；（3）评价受督者的学习表现。

3. 督导干预服务有六个影响因素：（1）督导师的偏好（受到世界观、理论取向和经验的影响）；（2）受督者的发展水平；（3）受督者的学习目标；（4）督导师对受督者的期望目标；（5）督导师自身作为督导师的学习目标（可能包括对某特定督导干预方法的掌握）；（6）情境因素（例如，实习机构的政策或工作人员的能力、来访者问题的困难程度）。

4. 结构导向的督导与过程导向的督导：专注于技术指导的督导称为结构导向的督导，专注于咨询师感受的督导称为过程导向的督导。督导师需要平衡结构导向与过程导向。

5. 不同资料呈现形式的督导设置有：自我报告，过程记录与案例记录，录音，录像，现场督导，三人督导。

6. 个体督导的过程分准备阶段、开始阶段、工作阶段和结束阶段。

本章要点

1. 个体督导有三项基本功能：(1) 评估受督者的学习需要；(2) 改变、塑造或支持受督者的行为；(3) 评价受督者的学习表现。督导的功能能否充分实现受到六个重要因素的影响。个体督导要点包括了解督导会谈的重点如何确定，了解个体督导实施的相关事项，了解在个体督导中督导师的关注点与督导的方法、形式和技术。

2. 督导师可以根据他们的经历和受训背景选择不同的督导方式。

专注于技术指导的督导称为结构导向的督导，此种督导是教导性的，非常适合新手咨询师。同时，对于焦虑的咨询师、处在危机中的咨询师来说，适当的结构导向的督导非常必要。但结构导向的督导的劣势是：受督者的想法、技术可能没有被重视，有时受督者会感到无聊和枯燥。

专注于咨询师感受的督导称为过程导向的督导。过程导向的督导不是直接给出答案或者演示技术，而是对受督者自身进行探讨，探讨的内容包括发现自己的性格特点，如优势领域或局限领域，或者咨询或治疗的擅长或局限，体验咨询师作为咨询工具的意义和价值；其局限是：急于获得技术答案的受督者常常会得不到想要的结果。督导师需要平衡结构导向和过程导向，做名阴阳平衡的督导师。

3. 督导师在进行督导时可以借助一定的督导资料。督导的形式包括自我报告、过程记录与案例记录、录音、录像以及现场观察等。督导师需要了解各种督导方式的具体设置方式和各种设置下的优势、劣势与分歧，确立督导师本人的督导风格。

4. 三人督导是指一名督导师面对两名受督者的督导形式，它是介于个体督导和团体督导之间的中间形态。三人督导的优势是：个体不再是督导师唯一关注的对象，两名受督者可以形成同伴关系，产生替代学习，增加督导投入。其他优势还包括：对督导师来说更轻松、观点多元、共同合作增强等。同时，三人也面临时间限制、督导伙伴相容性、三角关系等挑战。督导师需要了解三人督导的具体设置要素与过程。

5. 个体督导的过程分准备阶段、开始阶段、工作阶段和结束阶段，督导师需要明了四个阶段的要点。准备阶段的要点为督导双方的双向选择、明确督导目标、签订协议、确定基本设置；开始阶段为建立关系和了解受督者；工作阶段的要点最多，通过提问与澄清、面质、反馈、促进与引导来推进督导进程，也可以根据结构式督导的信息和问题来推进督导；结束阶段主要评估督导目标是否达成、总结收获、制定新的专业发展计划和评估反馈。

复习思考题

1. 个体督导要注意的要点是什么？阐述个体督导的三项功能和六个影响因素。

2. 督导会谈的重要顺序是什么？

3. 你擅长的个体督导形式是什么？它的优势和局限有哪些？

4. 三人督导的挑战是什么？如何实施三人督导？

第六章

团体督导

本章视频导读

学习目标

1. 了解团体督导的特色与模式。
2. 了解团体督导师的角色和工作方式。
3. 理解团体督导的实施过程与每个阶段的任务。
4. 掌握结构式团体督导的操作步骤与方法。
5. 初步了解网络团体督导的实践。

本章导读

在心理咨询领域有个体咨询与团体咨询，在咨询督导领域也有个体督导与团体督导。心理咨询督导大多以个体督导为主，个体督导是传统咨询督导的基础（Bernard & Goodyear，1992）。团体督导不是个体督导的补充，团体督导有其独特的优势，如节约时间、节省成本、弥补督导师人手不足、感受互相支持的氛围、提供多样的学习机会、工作效率高等（樊富珉，2005；Bernard & Goodyear，2021，霍金斯，2022）。团体督导对咨询心理学专业人员养成训练有其重要性与必要性。但在临床心理咨询文献中，团体督导是一种广泛使用但很少讨论的督导形式（卡罗尔，A. 佛兰德，2020）。团体督导效果与个体督导不相上下，个体督导和团体督导两者各有各的特点和作用。一些研究对团体督导和个体督导进行了对比(Bernard & Goodyear，2021；Proctor，2008)，并没有发现哪一种模式的效果优于另一种。个体督导的诸多议题，如督导理论、督导方式、督导伦理、签署督导协议书等也适用于团体督导。

为了提高督导的效能，每一位督导师必须了解团体督导、学习团体督导，并且能够运用团体督导，促进受督导的咨询师的专业成长。本章将介绍团体督导的特点与任务、团体督导的过程与技术，还将对结构式团体督导这种容易理解和掌握、适合新手督导师培训的有效方法进行详细描述，结合案例加以理解，通过演练体验过程。

第一节　团体督导的特点与任务

个体督导是咨询师专业化训练的基础，但以团体形式开展的团体督导大量存在，在督导实践中已经得到广泛应用。但相对于个体督导而言，国内对督导师培训中的团体督导仍然认识不足。要想有效地运用团体督导促进咨询师的专业成长，必须了解团体督导的优势和局限，清楚团体督导的任务，明确团体督导中督导师的角色，以便实现团体督导的目的。

一、团体督导的定义、发展及应用

（一）团体督导的定义

团体督导是以团体的形式（如同辈反馈、团体讨论、协同督导等）同时对接受督导的多名咨询师（受督者）所实施的督导。具体而言，团体督导指由多名接受督导的咨询师（受督者）参加，运用团体讨论、成员互动、角色扮演等形式，针对某位咨询师咨询中面临的问题及需要，彼此交流思想和经验，通过来自团体成员及其相互作用过程的反馈，以及督导师的引导，提升受督者对于自己作为咨询师、对于他们正在开展工作的来访者，以及对于他们所提供的服务的全面理解，以达成提升咨询师专业效能的目标。

关于团体督导的定义，不同的专家从不同的角度加以描述和界定。例如，团体督导利用团体成员的互动达到督导目的（Rosenberg，Medini & Lomranz，1982），相当节约时间、金钱及专业人力，并提供多样的学习机会；团体督导为咨询问题提供丰富且不同的观点，是特别有效的方式（Myrick，2001）；团体督导是督导师在同辈团体中观看受督者专业发展的过程（Holloway & Johnston，1985）；团体督导是一群受督者与一位指定督导师定期聚集，通过成员在团体历程脉络里彼此互动，达到了解自己为临床专业人员、了解自己的个案及了解一般提供的咨询服务的目的（Bernard & Goodyear，2021）；不同于个体督导，团体督导的重要贡献主要是团体动力的属性及其人际历程的效果，可帮助受督者个人及专业的发展（Yalom，1985）。综上所述，团体督导的组成要素包括：固定的督导师；多个受督者形成的团体；定期聚集接受督导；受督者经由与团体成员互动而达成目标。

团体督导是咨询督导的一种形式，不是指对团体咨询督导。在团体督导中，受督导的咨询师既可以报告自己做的个体咨询案例，也可以报告正在带领的团体咨询的案例（见图 6-1）。

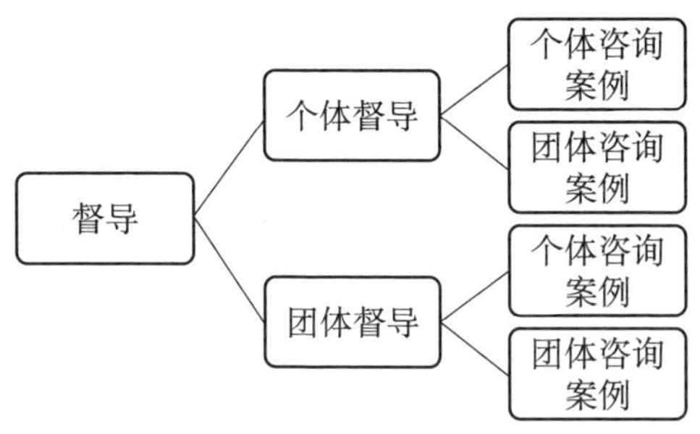

图 6-1 心理咨询督导的形式

如果用一句话表达和概括：团体督导就是在团体情景中督导师对多名

受督者进行督导的过程，是协助受督者增长知识、提升专业胜任力的专业训练。

（二）团体督导的发展

相对于个体督导而言，团体督导的发展比较晚。20 世纪 60 年代，团体督导才开始受到关注；70 年代开始被广泛运用，当时团体督导过程中比较关注咨询师个人成长与专业成长；80 年代，团体督导关注督导师的角色，强调在团体督导中督导师不仅仅是教师，更重要的是要有支持的功能（非治疗性的支持），并且开始注意团体督导中的伦理议题；90 年代起，对团体督导的运用更注重系统地反思，开始发展有效的团体督导模式。进入 21 世纪以来，多种督导模式被提出，团体督导更加被重视。2002 年，中国台湾制定团体心理治疗督导的认证制度（陈若章，2008）。中国大陆的心理咨询从 80 年代中后期开始发展，对咨询督导的重视是在 2000 年后，尤其是中国心理学会临床与咨询心理学专业机构和专业人员注册系统成立后，在对注册督导师的培训以及对注册咨询师的督导过程中提出了团体督导的要求。2020 年，新冠疫情肆虐，面对民众的恐慌、焦虑，心理咨询专业人员以心理援助热线和网络心理咨询为主要服务形式，开展了心理疏导和心理干预服务，并对专业人员开展了大量的网络团体督导。中国心理学会临床心理学注册工作委员会伦理工作组于 2020 年 3 月 25 日在注册系统公众号上发布了《网络团体督导的八项伦理原则》。网络团体督导作为疫情下保证心理服务质量的重要形式引起更广泛的关注。

（三）团体督导的应用

在世界各国和地区对心理咨询师的专业培养中，个体督导和团体督导同样重要，并有明确的团体督导学时要求。

1. 美国相关机构的要求

美国咨询及相关教育课程认证委员会（CACREP）对咨询师养成训练有明文规定，要求硕士层级的咨询师必须在实务课程实习（practicum）或驻地实习（internship）阶段，接受每周至少一小时的个体督导，以及每周至少一个半小时的团体督导（Bernard & Goodyear，2021）。

2. 中国台湾地区的相关规定

中国台湾地区的相关规定也明确要求所有咨询心理学硕士训练中，一年全时实习期间，服务机构需要至少给实习学生提供每周一小时的个体督导、每周两小时的团体督导或在职进修。

3. 中国心理学会临床心理学注册工作委员会的要求

《中国心理学会临床与咨询心理学专业机构和专业人员注册标准》（中国心理学会，2018）中，对申请进入注册系统不同层级的专业人员接受督导或提供督导，都有非常明确的要求。例如：6.3.4 中规定，申请助理心理师岗位需要接受累计超过 100 小时的团体督导和一对一个体督导；7.3.2 中规定，申请注册心理师岗位需要在获得硕士学位后接受个体督导至少 50 小时、团体督导至少 50 小时；8.4 中规定，申请注册督导师岗位需要从事督导实习工作至少 120 小时，且在注册督导师督导下从事督导实习至少 60 小时；8.10.1 和 8.10.2 中规定，注册督导师重新登记时在一个注册期内从事个体督导至少 60 小时、团体督导至少 120 小时（见图 6－2）。

助理心理师 100小时	注册心理师 100小时	注册督导师（120+60）小时督导实习	督导师重新登记 180小时
• 个体督导 • 团体督导 • 6.3.4	• 个体督导50小时 • 团体督导50小时 • 7.3.2	• 个体督导 • 团体督导 • 8.4	• 个体督导60小时 • 团体督导120小时 • 8.10.1 • 8.10.2

图 6－2　中国心理学会注册标准中关于团体督导的学时要求

由此可见，心理咨询师专业训练和资格认证标准中，对接受个体督导和团体督导都很重视。团体督导不是个体督导的辅助和补充，而是与个体督导一样重要，两者并驾齐驱，根据需要交替使用。

4. 团体督导的类型

团体督导可以有不同的分类方法，因此实践中团体督导的类型是丰富多样的。比如，根据团体规模、团体性质、团体成员、团体时间、团体结构、团体形式、团体方法、团体场域等进行不同分类。图 6－3 呈现了多样的团体督导类型。督导师需要根据督导的目标选择最合适的团体督导类型。

二、团体督导的特点

团体督导的功能在于不断增强受督者对心理咨询概念的理解和提升其

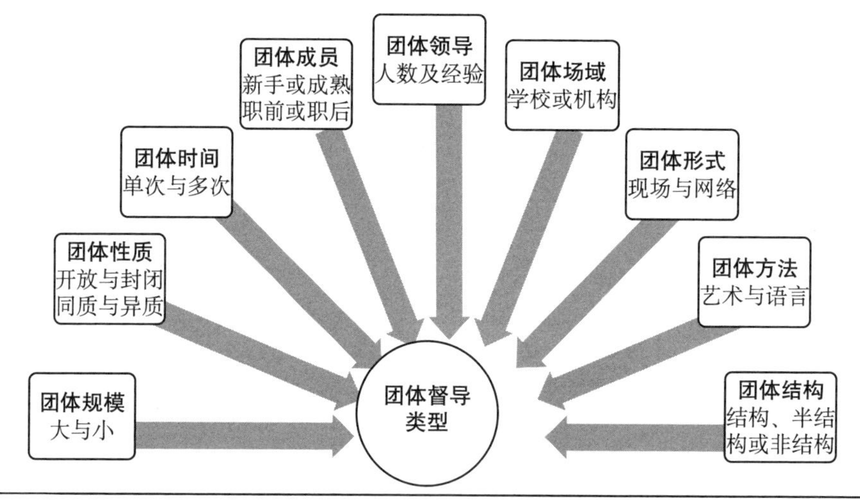

图 6-3　多样的团体督导类型

操作技能，帮助咨询师在协助别人解决问题的过程中提高业务能力与促进个人成长，保证咨询服务的质量与水平。团体督导通常 5～8 人一组，由 1～2 名督导师带领，不仅经济、省时省力，而且团体动力可为受督者提供支持，帮助受督者培养批判性思考、问题解决能力，以及学会从多角度探索问题，集思广益；同时，可以训练受督者的沟通表达能力，帮助其掌握在处理人际关系时适当的态度与行为。但团体督导难以顾及每一名学习者的要求和个性差异。它为受督者提供了同辈关系所带来的益处，提供了更多接触案例的机会，并使成员可以同时获得直接的或间接的学习机会。

（一）团体督导的优势

这些年，国内心理健康服务快速发展，培养了一批批咨询师和相关心理援助人员，但专业人员在训练过程中还是特别缺乏督导。如果用团体督导的方式，可以在有限的时间里让更多咨询师接受专业的督导。此外，团体督导过程中，受督者是多个人，可以有不同观点的精彩碰撞，信息资源的多样化可以突破个人的局限，更能产生积极效果。

伯纳德与古德伊尔（2021）在《临床心理督导纲要》中提出了团体督导的十三条优势，笔者经过概括整理之后凝练为以下七条。

1. 团体督导能节约时间、金钱及专业人力

团体督导是一种性价比很高的督导形式。团体督导提供了团体咨询或

治疗所具有的许多相同的经济优势，在时间、金钱、专业人员有限的情况下，可以帮助更多的咨询师获得专业方面的成长。

2. 团体督导能减少受督者依赖的行为

在个体督导中，有时候处理不当容易形成受督者对督导师的依赖。在团体督导中有多名受督者，在进行案例分析过程中，通过鼓励受督者从其他人那里获得更多的信息，有助于减少受督者对督导师的依赖。受督者之间可以互相出主意，给予反馈，督导师本身的压力反而会减轻。

3. 团体给受督者的反馈质量高且多元化

团体督导是多名受督者参加，不同的受督者有不同的视角和不同的经验，受督者可以听到不同的声音，开阔视野，这样可以发展出更灵活、多样、多元的思维。

4. 团体督导可以提供心理的安全感，有助于减少自我挫败的行为

在个体督导中，面对一位非常有经验的督导师，受督者常常会觉得自己做得不好，有被评价的担忧。在团体督导中，尤其是当受督者发展水平比较相似时，受督者可以互相分享和支持，面对困扰的问题大家都差不多，不那么容易焦虑和贬低自己。

5. 对受督者的反馈更丰富、更多样

团体督导可以提高受督者的能力，给予成员适当的自我探索或反馈机会，赋予受督者助人者及受助者的功能。受督者在报案例的时候可以得到其他成员很多反馈。在别人报案例时，每名成员都可以分享自己的思路供受督者参考。这个过程特别容易增强个人价值感，既受助又助人。

6. 有助于受督者对不同咨询风格的学习

团体督导反映出不同受督者所选择的助人模式，有助于受督者对不同的咨询风格更深入地理解及接纳。有的时候，不同的受督者接受不同的流派训练，这样可以使每名受督者更多了解不同流派的处理方式。受督者还可以将督导团体的团体过程学习应用于他们所进行的团体咨询。

7. 团体督导尤其适合团体咨询的督导

我国台湾师范大学教育心理与辅导学系教授林家兴指出：在学习团体咨询时需要接受督导。在训练团体带领者时，团体督导比个体督导更适合（林家兴，2017）。通过团体督导，受督者可以观察和学习到督导师如何善

用团体动力，促进团体成员的成长；可以体会作为团体成员的感受和体验，从而更能理解自己所带领团体中的成员；可以学习团体中如何提供和接受反馈，整合团体的理论和实务，提升带领团体的能力。

（二）团体督导的不足

尽管团体督导有许多优点，但团体督导不能取代个体督导，团体督导也具有一定的局限性。Bernard（2021）等人梳理出来的团体督导的局限性包括：

1. 受督者可能无法获得他们所需要的

比如，受督者希望督导师集中讨论他的个案，但督导师要在有限的时间内关注每个人的状况，每一名受督者受到的关注有限，可能难以满足每一名受督者的需求。

2. 保密的问题

咨询有保密要求，督导也一样。在团体情景中，因为多名受督者参与，不经意间可能涉及来访者的信息、咨询师的信息、咨询过程等具体细节，有暴露隐私的风险。所以，督导师在团体督导开始时，需要和受督者讨论团体规范，尤其是确认保密原则。

3. 某些团体的现象有可能阻碍学习

尤其是，督导团体成员之间的竞争和代人受过现象，如果没有被发现，就会阻碍学习。在一些案例中，这些现象可能会导致对某一名或更多的受督者产生不良的影响。比如，因在别人面前好面子而不愿意说出来，或是怕被评价，或是客客气气等，都会影响学习的实效。

4. 团体有可能浪费时间

团体可能花太多时间讨论一些与成员无关或成员不感兴趣的议题，而使团体督导效果打折扣。

5. 团体督导容易引发督导师焦虑

团体督导中，督导师不仅要关注对个别成员的督导，还要顾及团体的发展，使之成为一体。如果要带领团体督导，督导师最好有带领团体咨询或治疗的经验，善于运用团体动力。同时，报案例的成员可能会担心被其他成员评价而产生焦虑感。

特别想要提醒的是，如果督导师从来没做过团体咨询，团体督导很容易变成团体中的个体督导，也就是一大群人，督导师和受督者坐在前面，全部时间两人在工作，更多的人在观摩学习，实际变成了“团体中个体督导的观摩学习”。真正意义上的团体督导一定要善用团体的动力，让成员都能够有机会发表意见，互相有反馈互动、分享和交流。

表 6－1 呈现了霍金斯（Hawkins，2020）总结的团体督导的优势与不足，可以供学习者参考。

表 6－1　团体督导的优势与不足

优势	不足
更多的智慧和洞察力	更多的混乱，“受督者的轰炸”
“我并不孤单，别人也有类似的困难，没关系”	团体迷思
从他人的案例中学习	竞争：成为最佳的从业者、督导师、团体成员，或最有权力/等级最高的人 成为最需要帮助或担子最重的人
从他人那里得到力量和支持	没有足够的时间讨论自己的案例
性价比高，每小时能收获更多	受督者需要投入更多时间
更有可能通过组织进行学习	团体动力占据主导地位，需要太多时间
暴露我们的盲点、聋点、哑点	对于受督者在针对来访者开展工作时的反应，团体做出相应的反应，或者说使用我们分享的内容来评判我们
团体成员可以成为个人突破和投入的见证人	在团体成员了解来访者或来访者的背景时，存在边界问题

三、团体督导的任务

（一）团体督导的具体任务

团体督导的任务跟个体督导相似，都是为了协助受督者实现专业成长。但因为团体督导参加人数多，督导师需要为整个受督者团体提供指导，还要带领团体成员思考受督者提出的咨询案例，以便给予建议或反馈。此外，督导师还要带领团体成员理解受督者对个案产生的情绪问题。

同时，督导师还要经营团体的互动及发展，以促进受督者探索、开放与反应。如果没有融洽、包容、共情、温暖的氛围，受督者很难开放地谈论自己面临的困扰和问题。为了完成以上任务，团体督导师必须了解自己在团体督导中的角色，以及做好相应的准备。

（二）团体督导师的角色

团体督导师的角色跟个体督导师一样，有三种是相似的，包括教师、咨询师和顾问角色，要将三种角色集于一身。此外，还有一个团体领导者的角色，是区别于个体督导师的。

1. 教师的角色

当咨询师的工作不足时，要教导、协助咨询师或向其示范如何正确地使用咨询技术或加强某些理论概念；而在咨询师有良好表现时，应给予鼓励和肯定。

2. 咨询师的角色

当咨询师接案后有强烈的情绪反应时，督导师要如咨询师般同理接纳，协助咨询师处理困扰。当督导师发现咨询师因个人的特质或明显的个人议题而影响咨询效果时，督导师应适时地让咨询师知道。如果该问题可以通过督导得到解决，督导师可以在咨询师准备好的情况下进行短暂的咨询，否则应予转介，鼓励咨询师寻求督导外的个体或团体咨询。尤其是当受督者对个案有强烈情绪反应时，看情绪反应与受督者个人议题有什么关系。督导师虽然不是咨询师，但是有咨询师的角色，应帮助受督者看到个人议题怎么影响咨询过程，建议受督者接受个体咨询或参加团体咨询，通过个人体验处理个人议题。

3. 顾问的角色

这个角色强调督导师提供与咨询相关的资讯，如转介的机构与规定、法律条款或专业活动、训练机会等。

4. 团体领导者的角色

团体督导与咨询团体一样，强调形成团体凝聚力，因此督导师要引领团体、经营团体，善用团体动力，提供示范，促进多名受督者在团体情景中敞开心扉和积极反馈，有学习、有收获、有成长。

（三）团体督导师应具备的条件

具备怎样的条件的督导师可以进行团体督导呢？团体督导师是借助一个有凝聚力的工作团体而使接受督导的成员从互助和支持中获益。所以，团体督导师必须具备以下条件。

1. 有专业教育及培训的背景

早期的督导师都是在实践中摸索着成长，“摸着石头过河”。后来才有了临床与咨询心理学专业，对学生有更加专业的要求，学生才有机会接受更规范的培训。

2. 有丰富的个体和团体咨询实践工作经验

进行团体督导一定要有团体咨询的经验。带领过团体的人会注意和观察团体督导的过程，包括团体动力怎么发展、关系怎么建立、不同关系会产生什么样的影响、受督者会怎么受影响等。

3. 有教学的意愿与热情

团体督导师是受督者的老师，要把专业的要求和自己的经验传授给受督者，必须有对受督者成长的关心和培养人才的热情。

4. 有教授他人的能力

督导有教学培养的功能，所以要有教学能力。

5. 有成熟的人格和进取的人生态度

这是基本的条件。团体督导师本身要比较健康，情绪要比较稳定。如果督导师个人有很多议题，很难做好咨询，也很难成为有效能的督导师。

（四）团体督导中的督导关系

团体督导师与受督者的关系在专业伦理中有要求，是一种专业关系。督导师所作所为会成为给受督者所做的示范，会被视为榜样，这是督导师要特别了解和善用的。督导关系是专业关系，最好是稳定的专业关系。督导师应提供示范、解释、诊断及运用团体动力知识，而且要在直接提供洞察甚至建议给咨询师与间接帮助其解决问题之间保持平衡。督导师应给予受督者支持，鼓励受督者更为自主。咨询教育家柯瑞（Corey，1997）在谈到督导关系时说：“在督导中，我的目的是去创造一个安全的环境，使受督者可以在此环境中充分展现自己的咨询风格，发挥自己的能力，并且感觉到自己是被接纳的，所以遇到问题时会提出来寻求协助。那么，我们便可以一起面对问题，探索可能的解决方法，并找到适合受督者的精神状态及专业技巧的督导历程。”

督导师通过督导过程营造完全温暖、安全、接纳的督导环境非常重要。团体氛围直接影响督导效果。团体要使成员感到足够安全，可以自在地谈论他们在工作中遇到的困难，分享他们的弱点以及他们对团体督导的期待和担忧。对于如何营造安全氛围，有以下几点建议：

（1）请成员分享以往团体或督导的经验中哪些是有益的、哪些是存在困难的。

（2）建立督导团体的规范。

（3）让团体成员分享自己的优势、需要发展的领域，以及希望团体如何帮助自己。

（4）督导师分享自己对团体的期待和担忧，以及自己在团体中的进步和脆弱，树立榜样。

第二节　团体督导的过程与技术

团体督导与其他团体活动一样，会经历一个发展的过程，经历不同的阶段，每个阶段有其独特的任务。团体督导师必须了解团体督导的过程，熟悉每个阶段的任务，促进团体实现成熟的发展，才能在带领团体督导的时候更稳定、更有信心、更能发挥团体督导的效能。

一、团体督导的过程

关于团体发展过程，有三阶段论（初创阶段、工作阶段、结束阶段）、四阶段论（创始阶段、转换阶段、工作阶段、结束阶段）、五阶段论（形成阶段、风暴阶段、规范阶段、工作阶段、结束阶段）等不同的观点和描述，都可以成为团体督导过程阶段划分的参考。为了便于读者理解和掌握，本章将团体督导发展过程分为三个阶段，包括开始阶段、工作阶段和结束阶段；同时增加了对于督导而言特别重要的准备阶段（见图 6-4）。团体督导师必须在开始团体督导前了解团体每个阶段的特征和自己的任务。

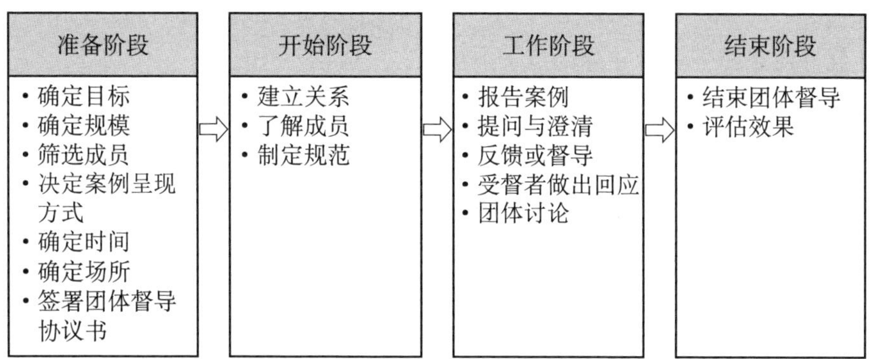

图 6-4 团体督导的阶段与任务

(一) 团体督导的准备阶段及任务

1. 确定团体督导的目标

督导的目标是有经验的督导师通过指导协助接受督导的咨询师发现和了解自己在咨询过程中遇到的问题，整合所学理论与技术，提高自身专业水平，促进个人成长。通常受督者有两类人群，一类是接受职前阶段的训练者，如研究生阶段学习者，如实习咨询师；还有一类是在职场心理咨询的岗位上已经工作一段时间的咨询师。团体督导的目标因参加的成员所处的专业发展阶段不同而不同。例如，新手咨询师需要更多的指导和结构，经验丰富的受督者则有能力承担更多的责任。

2. 确定团体督导的规模

团体督导想要充分关注每名团体成员的成长，人数不能太多，5～6 个人比较合适，尤其是当每名成员都有多个案例需要督导时；当然，人数也不能太少，如果是三四个人的团体，有人退出，有人缺席，团体就不存在了，就不能称为团体督导，信息资源多样化的特点就无法体现。团体督导如果人数太多，不仅动力复杂，不容易形成团体凝聚力，还有可能形成亚团体，而且时间的压力会很大，很难保证每人都有机会和时间表达自己的看法，难以保证督导效果，督导师还可能注意不到那么多人的反应和表现，会忽略掉一些重要信息。CACREP 对团体督导规模的建议是：在职咨询师的团体督导规模一般 4～7 人为宜；大学的职前训练中，咨询实习生的团体督导规模一般可以达到10人（Bernard & Goodyear，2021）。而随着疫情下的督导需求变大，有时几十人参加网络团体督导，如何进行大型团体督导对于每一名督导师都是一项挑战。

3. 确定团体督导的成员

督导师进行督导前应该了解接受督导的成员的专业背景（包括所学课程、咨询经验、能力水平、文化背景、实习或工作单位的咨询对象等）。接受督导必须是自愿的，对时间及动机不合适的成员需要筛除。

团体成员有同质性和异质性之分，没有哪一种更好，关键看工作对象以及所在机构的要求。同质团体中，成员之间因为在经验方面的相似性，更容易产生共鸣，建立信任感。对于新手来说，团体成员之间保持同质性督导效果比较好。异质团体中，受督者的不同经验水平也就意味着他们对督导有不同的期望，可能会导致不同经验水平的人有不同的满意程度。

4. 决定案例呈现的方式

接受督导的成员采取何种方式呈现案例对于团体督导很重要。常见的呈现案例的方式包括录音、录像、文字报告、口头报告。督导师需要事先告知接受督导的成员以什么形式准备将要呈现的案例。通常在督导正式开始之前，督导师通过督导协议和知情同意提前确定好。应尽量避免在短时间督导中一次呈现多个案例。为了了解受督者在工作中的实际表现，建议督导过程中除了受督者的案例口头报告外，增加一段15～20分钟的咨询过程录音或录像，以更全面地反映受督者的专业工作状况。

5. 确定团体督导的时间

督导时间的确定对团体督导特别重要。进行团体督导前，需要确定督导的总次数、会面的频率、每次督导的时长。对于实习咨询师的团体督导最好是固定的、连续的，比如一学期每周一次或两次，一共16次，每次时间为90分钟或120分钟（时长与团体督导受督者人数有关）。如果是在职咨询师的督导，根据受督者的专业发展水平和需要，最好连续督导不少于8次，一周或两周一次，每次90～120分钟，保证团体成员都可以参与，都有机会汇报案例。

6. 确定团体督导场所

团体督导场所的确定也是专业设置的一部分。首先，因为是团体，人多，场所要能容下多名成员。其次，对于每次团体督导是在固定地点还是轮换地点，如果情况允许，最好是选择固定的督导场所、来去相对方便的地点，这样也会给成员带来稳定感。团体督导的环境要考虑温度、湿度和光照，尽可能温馨、舒适、安全。

7. 签署团体督导协议书

在团体督导开始前签署协议书，明确督导的目标和边界，这一点很重要。团体督导需要团体成员一起工作。协议书内容一般包括：团体督导的目的、团体督导结构与设置（督导次数、时间、地点、出席规则、缺勤处理办法、案例报告形式、记录保留及会谈记录等）、团体督导师的责任和义务、团体督导成员的责任与义务等。表 6－2 是笔者参考湖北东方明见心理健康研究所翻译的《督导协议书范例》修改的“团体督导协议书”，供学习者参考。

表 6－2　团体督导协议书

一、团体督导目的
1. 监督和确保受督者的来访者的利益和安全
2. 促进受督者职业认同和专业能力发展
3. 为团体中的受督者提供评估性反馈
二、督导结构与设置
1. 督导时间：督导师________，每周提供________小时的团体督导，连续 8 周，每次督导 90 分钟（团体督导的开始时间和结束时间）
2. 督导费用：每次督导________元，督导结束交付（具体支付方式）
3. 督导场地：每周在督导师办公室外的小会议室（具体地址）
4. 团体规模：督导团体成员不超过 8 人
5. 保密协议：督导期间受督者自我暴露须签保密协议
三、督导师的责任和义务
1. 帮助团体中每位受督者设定和完成督导目标
2. 在团体中发展和维持尊重与合作的督导关系
3. 在团体中为提升受督者的专业能力提供协助
4. 提供团体督导后的总结性评估和反馈
5. 督导结束后须向受督者提供督导证明
四、受督者的责任和义务
1. 承诺保证定期参加团体督导
2. 准备完整的案例报告及督导所需的录音录像资料
3. 与督导师讨论临床工作相关的知情同意问题
4. 积极参与团体督导并给予团体成员反馈
5. 将督导过程中所学整合到自己的心理咨询实务中
6. 紧急情况下寻求和接受即时督导，督导师联系方式________________

续表

本协议将于________执行，同时制定具体目标。 我们同意遵守协议的条款，并保证符合《中国心理学会临床与咨询心理学工作伦理守则》，在工作中遵守“善行、责任、诚信、公正、尊重”的原则。 督导师：（签名） 日期： 受督者：（签名） 日期： 团体督导协议书生效时间：开始时间________结束时间________

有了固定的时间、场地等设置，有了受督者的团体，签署了督导协议书，督导师就可以正式开启团体督导进程了。如果是持续的督导（如总共 8 次），可以看成第 1～2 次是开始阶段，第 3～7 次是工作阶段，最后到第 8 次是结束阶段。每一次团体督导也要经历开始、工作和结束阶段。

（二）团体督导的开始阶段及任务

1. 建立良好的督导关系

在专业的督导关系中，建立良好的关系是不容忽视的步骤。对于受督者能否在讨论时认真地反省自己的咨询工作，督导者与受督者的关系显得十分重要。参加督导的时候，尤其是新手往往会忐忑不安，担心自己做得不够好，对自己不满意，因为有同辈来参加，会有被评价的焦虑和担心，也会有防御。督导师在团体督导开始的时候，为了消除成员的紧张情绪，尽量不要用批评的语言，而要用支持、尊重的态度，努力营造一种接纳、温暖、支持的团体氛围，让受督者敢于自我表露和乐于交流自己的思想与感受，认真地反省自己的咨询工作。

2. 了解成员的背景和所受训练

督导师在团体督导开始时对团体成员要有了解，越了解越知道发展水平到什么程度、重点需要哪些帮助，可以在入组前的访谈过程中通过面谈了解，也可以在团体督导初期了解。督导师越了解团体成员，在整个督导过程中越主动。表 6-3 是督导者需要了解的关于受督者的相关资料。最好在团体督导开始前，督导师就通过多种渠道了解这些内容。

表 6-3 督导师需要了解的受督者资料

1. 受督者专业发展的阶段。
2. 受督者过去的专业经历。
3. 受督者在哪类机构实习？机构特点及要求是什么？
4. 受督者接案对象的年龄特征、接案类型。
5. 受督者过去的受督经验。
6. 受督者为了什么来接受督导？以及为什么选自己当他的督导？
7. 受督者对于督导和督导师的需要和期望。
8. 受督者的实习机构或学校对督导师有哪些要求？督导师是否需要参加会议或提交评估报告？

团体督导最开始时，督导师可以自我介绍，也可以问问大家，简单了解团体成员过去的专业训练情况，比如："能否让我知道你们过去受过哪些训练?""你喜欢哪种咨询流派？为什么?""你对咨询工作的看法如何?""你所在的机构咨询工作还顺利吗?""咨询工作中，你感到最有成就的是什么?"邀请团体成员用比较客观、正向的问题做自我介绍。笔者自己每次做团体督导时，尤其是到各地督导点工作时，因为没有时间提前了解成员，都是直接进到督导团体开始工作。笔者开始都会先对受督者说："能不能让我对你有多一点的了解？你大概什么专业，做了多少年的心理咨询，在工作中擅长的是什么?"这些话题不仅有助于建立关系，也能帮助了解受督者的专业背景，以便拟出彼此同意的督导目标与进行方式；同时，能增进彼此支持，进而建立情感上的安全感，为正式督导的进行奠定良好的基础。

3. 确定团体督导的原则和规范

团体督导初期一项重要的任务是制定团体督导基本原则和规范，包括设定督导会谈的频率、得到受督者对出席督导的承诺以及确立督导团体的规范。除了个人不可控的因素，督导团体成员要承诺全程参与，提前把时间协调好；督导师也要讲清楚怎么推进团体督导，根据具体的情况确定督导的频率、次数。研究发现，团体督导每周一次能够使得成员有最好的发展。团体督导的规范一般包括要守时、要投入、要坦诚，不批评、不指责，对不同意见有包容，以及承诺保密，即在团体之外可以分享自己的收获，但不要透露团体中其他成员的个人信息。团体督导不仅涉及受督者咨询师的个人信息，还涉及咨询师做的个案的信息，所以需要制定明确的保密要求。受督者承诺保证定期出席也很重要，因为成员缺席会影响团体凝聚力、团体的能量和活力、团体进程，造成成员之间怀疑、猜疑和不信任。通过确立团体规范，能够让团体成员更有安全感，受督者才能坦然地把自己的临床工作及自身弱点暴露给他们的同辈。

尽管确立规范是一个不断发展的过程，但在团体形成阶段成员开始确立结构和基本原则时，督导师应预先为团体确立规范做好基础的准备工作。常见的团体规范包括开放和尊重、成员间的保密原则、责任感、参与水平、保护成员免受同辈压力或者威胁等。

（三）团体督导的工作阶段及任务

1. 提交案例并寻求帮助

受督者向团体提供需要督导的案例。案例可通过录音录像、书面总结或语言表达来提交。在提交简要信息后，受督者需说明希望从督导团体中获得什么样的帮助，例如，"我需要你们在……提供帮助"。咨询师在提交案例和介绍案例时，有机会回顾咨询经历，了解其原先的观点和工作，并且审视自己原先所想所做的是否合适。而督导师的主要职能是倾听，不给予评价和提问，以试图全面了解被督导的咨询师对个案问题及相关资料的认识，包括所描述的个案情形、咨询师的感受、咨询师对当事人的看法，以及咨询师所期望的帮助。

团体督导可以这样开始："请你用几分钟的时间简短地介绍一下当事人的问题（也可以播放选定的录音或录像片段来进行说明）。""你认为关于这个咨询最可能的解释是什么?""请说明你希望从团体得到的特定的反馈或者帮助是什么。"

2. 其他成员提问与澄清

团体督导的成员以及督导师就受督者所提交的案例进行提问。这个步骤有助于团体成员获得额外信息或澄清关于所提交信息的错误认知。团体成员按照顺序一个一个提问，每次只提一个问题，直到没有要问的问题为止。受督者可以边听边回答，也可以听完后概括回答。回答这些问题可以促使咨询师整理咨询经验，了解自己心中的当事人形象如何成为咨询中的助力或是阻力。

督导师仍以了解情况为主，而不给予评价。提问可以侧重咨询师对当事人的看法与印象、咨询师的感受、咨询师所使用的处理策略与技巧。例如，“咨询后，你的感受如何?”“这种感受是怎么来的?”由感受切入时，不仅可以协助咨询师更多地觉察自己的内在经验，也可以让督导师很快地了解咨询师对自己咨询的评价。把咨询师的感受与咨询工作表现联结的思考，也会帮助咨询师发现咨询受阻的原因，不一定是来自当事人，也有可能是来自咨询师自己的想法或过去的经验。

在澄清咨询师所用技巧和处理策略时常见的提问有：“在咨询中你用了哪些技术?”“为什么用这些技术?”“用了之后有什么效果?”“你认为当事人的问题有哪些?”“导致当事人问题的原因有哪些?”“有没有什么理论可以支持你的观点?”

3. 反馈或督导

此时，督导师和成员将通过反馈、交流、角色扮演的方式，协助接受督导的咨询师反思自己的工作，并形成新的思考和策略。督导团体的成员会针对前面获得的信息对接受督导的咨询师给予反馈，表达各自的意见，说明他们会如何应对受督者遇到的困难、问题、来访者等。在这个阶段，呈现案例的受督者相对保持沉默，但要记录其他人的评价和建议。在提供反馈时，团体成员仍然按照一次一个人的方式进行，说明他们将如何处理受督者遇到的难题。开头可以这样说：“如果这是我的来访者，我会……”这个过程重复进行，直到没有任何反馈为止。

督导师由倾听者的角色逐渐加入接受督导的咨询师的思考过程中。督导师所扮演的既是协调者也是过程评论家。作为协调者，督导师要使团体的注意力集中在当前的任务上，及时给予反馈；作为过程评论家，督导师要随时关注团体的动力学发展，识别成员的需要，选择适当的干预方法。督导师除了要协助咨询师回顾自己的所作所为之外，也可以适时地给予新的想法。尤其对于咨询师自己提出的困境，更需要督导师下工夫和咨询师讨论。督导师可以运用直接面质的方法，挑战接受督导的咨询师所用的策略与原有看法。督导师可以引导受督者探索先前所形成的假设，以及依据假设运用的技巧和策略，判断是否需要补充与修正假设、调整咨询技巧与策略，协助咨询师经过进一步思考，产生兼顾全面性并考虑到个案特定需求的临床假设，产生更完整、多层面的思考模式；同时，也可以适时地对咨询师表现给予鼓励。

当督导团体运行良好时，每一名受督者自身独特的能力、看待来访者问题的独特方式、个人的督导目标等方面都将被团体成员了解和尊重，每一个人都能够从团体学到东西，并为团体提供有价值的帮助。

4. 受督者做出回应

此时，受督者需要对于督导师和其他团体成员的反馈进行反省和回应。团体成员相对保持沉默时，受督者以圆桌会议的形式，对每一位团体成员给出的反馈做出反应。由于此时团体支持水平提高，成员间的信任增长，因此，被督导的咨询师接近他人、暴露自己的弱点和错误的意愿也在增长。同时，经由督导师的启发以及成员的建议，受督者逐渐学会了从不同的角度看待个案的问题，思路更开阔，形成一些新的诊断和咨询方向。受督者将会坦诚地告诉团体成员哪些反馈意见对自己有帮助、哪些没有帮助，并说明为什么这些反馈是有利的或不利的，由此促进咨询师专业能力的发展。

5. 团体讨论

督导师邀请团体成员对上述四个步骤的过程进行讨论、给出进一步的反馈，等等。比如，督导师可以和咨询师继续讨论："根据新的假设，我们应该采用什么策略?""什么技术可配合你制定的新的咨询策略?"督导师也要重视其他成员在团体督导过程中的收获，可以和成员讨论："在上面的督导过程中，你的观察、发现和收获有哪些?"最后，督导师对督导过程做总结和反馈。

(四) 团体督导的结束阶段及任务

结束阶段的任务是评估团体督导的效果，成员之间处理离别情绪、互相道别，鼓励成员将所学运用到实际的咨询工作中。大多数团体督导都是有时间限制的。也有一些团体督导没有时间限制，连续进行。因此，需要分别说明每一种类型的团体督导的结束。

1. 有时间限制的团体督导结束

对于见习和实习团体，督导体验通常只有 8～15 周。尤其当团体督导的整个过程只有一个学期时，结束对每个成员来说会显得很仓促。不让团体有时间处理结束阶段的问题就匆忙结束团体督导是一个错误。而且，受督者治疗关系的结束通常是与团体督导的结束相伴随的，这个平行过程可以成为一种有用的工具，并且为督导提供重要的参考。

(1) 评估督导目标是否达成。除了原定督导时间截止外，团体督导的目标是否达成也是必须考虑的。因此，督导目标应该足够具体，这样当督导目标达成时，受督者才会感觉快到结束时间了。

(2) 处理成员将要离别的情绪。在结束督导体验时，督导师需要帮助受督者缓解因结束督导体验而产生的痛苦情绪，并让他们发现自己在专业化发展道路上已经起步。在总结团体督导时，督导师应向每一名受督者指出今后学习的方向。

(3) 协助受督者制定新的专业发展计划。有时间限制的督导过程肯定会限制受督者的学习机会。因此，受督者在结束督导体验时有必要制定一项未来自我提高的计划。对于每一名受督者来说，这项计划的一部分很有可能就是接受进一步的督导。受督者的一项重要的最终体验是归纳自己从督导过程中所学到的知识，总结自己如何利用从督导中所获得的技能。

2. 持续进行的团体督导结束

持续进行的团体督导有可能持续一年。长期持续的团体督导要注意避免虎头蛇尾式地结束，而是要以一种清晰的形式结束。如果草草结束，可能会遗留很多没有完成的工作，而且团体成员可能无法很好地理解结束的原因。为了避免这一现象出现，建议在团体督导开始时就预先制定好结束的计划。恰当的结束方式是在一个指定的时间，由团体成员共同回顾团体督导准备阶段所做出的假设和决定。当下列条件满足时，就可以将这个时刻作为结束的适宜时间：大部分事情都变得可以协商解决，包括基本原则和督导过程本身；受督者评价其自身的发展，评价自己为了实现团体目标所付出的努力和所作的贡献；督导师评价团体成员所共同分担的责任，评价已经完成的督导过程，评价继续督导的可行性。

3. 督导效果的评估

团体督导结束时，团体督导效果评估可以从三个方面进行：对成员的专业成长的评估、对督导师工作的评价和反馈、对团体督导过程的感受。

二、团体督导的常用技术及效果评估

（一）团体督导中督导师常用的技术

在团体督导中，督导师要根据个人特点、受训背景、个人风格以及受督者的水平、背景和特点，选择不同的方法。隆根比尔（Longanbill）等人（1992）建议使用五种常用技术，帮助咨询师促进专业发展：促进技术、面质技术、概念化技术、规范技术、引发技术。笔者特别增加了自己常用的连接技术。

1. 促进技术

督导师通过关怀、同理及尊重，减轻受督者的焦虑，传递信赖、鼓励和内省。

2. 面质技术

督导师帮助受督者检视自己情绪、态度与行为上的矛盾，使其更为一致。

3. 概念化技术

督导师提供相关理论与原理，使受督者能分析性地思考议题。

4. 规范技术

督导师协助受督者为特殊个案提供行动计划。

5. 引发技术

督导师通过探讨与询问，启发受督者对治疗过程（例如评估个案进步）意义的觉察。

6. 连接技术

在督导中善用团体动力。如果某位成员（比如报案例的受督者）有焦虑、担心，督导师可以问问其他人有没有。通常受督者会发现，如果团体其他成员和自己有类似的感受，对自己的指责和批评就会有所减轻。

接受督导是为了促进专业的发展，提升咨询师的自信很重要。督导师可以鼓励受督者谈谈对自己咨询中哪些方面满意，是什么让自己可以做到这样。督导最重要的还是针对困难的、卡住的、不顺畅的地方，拿出来分享。督导师应促进受督者反思。通过建立良好的关系，在尊重、温暖、鼓励的前提下使受督者更有勇气讲。

（二）团体督导效果评估

1. 影响团体督导效果的因素

每位督导师都希望真正帮到受督者。团体督导师希望每次督导过程不仅对呈报案例的咨询师有帮助，对其他在场成员也有帮助，以在有限的时间里帮到更多的人。督导师需要了解影响督导效果的因素有哪些。

（1）督导师的影响。督导师的开放性、幽默感、温暖、胜任能力，会使团体成员感到舒适，愿意分享过去的经验，主动给予反馈。督导师本人作为督导师的胜任力以及建立关系的能力很重要。在团体中，要安全地说自己想说的话需要安全的、接纳的、尊重的、宽容的氛围，这种氛围与督导师的特点和经验分不开。

（2）同辈的影响。同辈的影响体现在：参加团体督导的咨询师的背景，能否得到同辈的反馈，对呈报案例者的咨询录音或录像的观察，同辈之间的关系和相互支持，等等。

（3）团体氛围的影响。团体督导需要一个提问和发表意见的安全场所，可以放心地互相分享恐惧、成功和疑问。团体氛围直接反映团体凝聚力，或者就是团体凝聚力的呈现。氛围应该是温暖、安全、尊重、信赖、包容、开放的，否则受督者充满担心，很难真实呈现自己在工作中的困惑。

2. 团体督导效果评估及工具

团体督导效果评估主要是关注团体成员在督导中的收获，也可以对督导师的工作做出评估。一般有三种方法，可以是成员的主观报告或者口头总结，可以设计开放式的问题，也可以使用量化的工具（见表 6 - 4）。（徐西森，2007；Bernard & Goodyear，2021）

表 6 - 4　团体督导的效果评估工具

工具名称	编制者及年份	结构
《团体督导行为量表》	White & Rudoph 2000	该量表包括六个分量表：促进开放性气氛的营造，展示专业的理解力，清晰的沟通，鼓励自我评价，有效而清晰的评价，行为的总体质量水平。

续表

工具名称	编制者及年份	结构
《团体督导量表》	Arcinue 2002	经过因素分析，得到三个分量表：团体安全感，技能的发展和案例概念化能力，团体管理。
《团体督导影响量表》	Getzelmon 2003	主要测量以下因素的影响：（1）督导师；（2）同辈；（3）团体环境。受督者可以借助这些可靠的心理测量学工具对督导师的表现给予反馈，这种反馈不仅在督导的结束阶段可以进行，在其他时期也都可以进行。

下面列举目前使用比较多的、由 Arcinue 在 2002 年编制的《团体督导量表》（见表 6-5）。

表 6-5　团体督导量表

下面的每一项中，在最能描述你和你的团体督导师的体验的数字上画圈。用 5 点评分法来评定，1 代表非常反对，5 代表非常赞同。

项目					
1. 督导师提供了关于我的技能和干预的有用反馈。	1	2	3	4	5
2. 督导师提供了关于来访者治疗的有用建议和信息。	1	2	3	4	5
3. 督导师推动我建设性地探索对来访者开展工作的思想和技术。	1	2	3	4	5
4. 督导师提供了关于案例概念化和诊断的有用信息。	1	2	3	4	5
5. 督导师帮助我理解和阐明来访者的中心问题。	1	2	3	4	5
6. 督导师帮助我理解来访者的思想、感情和行为。	1	2	3	4	5
7. 督导师恰当地鼓励受督者的自我探索。	1	2	3	4	5
8. 督导师使我能表达关于咨询的观点、问题和关注点。	1	2	3	4	5
9. 督导师为团体督导建立一个安全的环境。	1	2	3	4	5
10. 督导师密切关注团体的动力过程。	1	2	3	4	5
11. 督导师有效地为团体设定限制并制定规范和界限。	1	2	3	4	5
12. 督导师给团体提供了有益的领导作用。	1	2	3	4	5
13. 督导师鼓励受督者互相提供反馈。	1	2	3	4	5
14. 督导师在合适的时候改变讨论的方向。	1	2	3	4	5
15. 督导师在全部团体成员之间很好地安排了时间。	1	2	3	4	5
16. 督导师在团体督导中提供了足够的结构。	1	2	3	4	5

评分标准：
团体安全性评分：7～10 项和 13 项的分数总和除以 5。
技能的发展和案例概念化能力评分：1～6 项的分数总和除以 6。
团体管理评分：11、12、15 和 16 项的分数总和除以 4。

第三节　结构式团体督导及其实施步骤

心理咨询师实际训练中最常见的有三种成熟的团体督导模式：三人小组督导、同辈督导和结构式团体督导。当然，还有其他模式，如金鱼缸式的内外圈团体督导、督导零时差等。鉴于我国心理咨询行业有资质的团体督导师人数有限，而需要接受督导的人很多，以及当前新冠疫情心理援助中急需督导师快速掌握团体督导方法的现状，本节将专门介绍便于操作的结构式团体督导的模式。笔者已经多次在注册系统举办的线下和线上督导师培训班教授该模式，受训学员都感觉结构式团体督导容易学习、便于操作，对掌握团体督导很有帮助，学完之后对如何开展团体督导更有信心了。

一、结构式团体督导及其准备

（一）什么是结构式团体督导

结构式团体督导（structured group supervision，SGS），是由威尔伯（Wilbur）等人（1991，1994）提出并开发的一种团体督导模式（徐西森，黄素云，2007）。通常 SGS 团体包含受督者（咨询师）5～10 人，督导一周进行一次，持续数周，每次2～3 小时（视参加人数而定），每次 1～2 位受督者报告案例。每位案例报告者各经历约 1 小时的团体督导过程，每一个阶段都有明确的时间限制。

结构式团体督导具有步骤清晰、过程明确、提问具体、互相学习、便于操作、适合初学等特点。对于刚开始接受督导的咨询师而言，结构式团体督导让人容易明白督导的过程，参与更安心、更容易，同时提供新手咨询师互相学习的机会。对于刚开始从事督导的督导师而言，结构式团体督导比较容易掌握，同时团体的功能可以弥补督导师个人的不足。

（二）结构式团体督导的准备

在准备阶段，督导师要向受督者说明团体督导的过程，确定督导时间

（如一学期、每周一次、每次 120 分钟），确定 5～8 位受督者，每次一位受督者报告案例，成员轮流报告，通过同辈的反馈、支持和鼓励，探索咨询工作中的困难，通过团体过程找到解决方法。具体准备如下：

（1）团体督导是在指定的一段时间（例如一学期）内，由 5～8 位受督者每周聚集至少 1.5 小时，以提供机会促进团体发展。

（2）受督者之间应有一些共通点或不同点（例如受督者的发展阶段、经验阶段、人际的调适能力）。

（3）在每次进行团体督导时，安排一位成员做个案呈现。

（4）受督者的主要经验是同辈反馈、支持与鼓励的交互结果，探索困难有助于学习及解决问题。

二、结构式团体督导的过程

（一）结构式团体督导的操作步骤

结构式团体督导的操作步骤如图 6－5 所示。

（1）团体督导开始时，督导师问候并简单了解受督者上周工作的大致情况。

（2）由报告者陈述个案，提出所要求的协助（一般情况下必须是正在接的个案）。

（3）由其他成员提问及将问题聚焦（进一步了解个案的情况）。

（4）由成员向报告案例者反馈，提供不同思考方向。报告者只做笔记不说话。

（5）休息 10 分钟。

（6）报告者根据成员的反馈给予反馈，提出自己的意见。

（7）进行总结性的讨论。

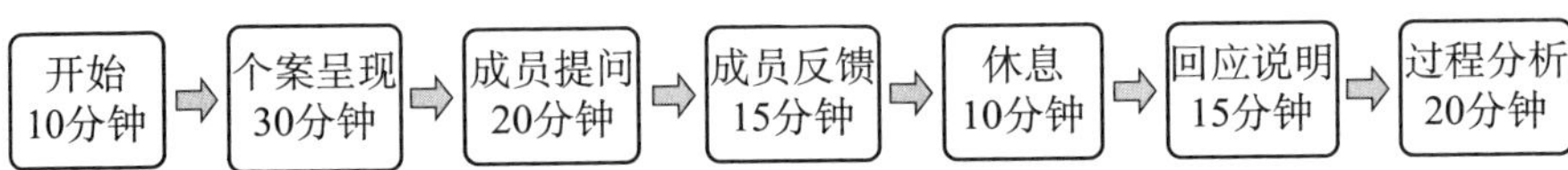

图 6－5 结构式团体督导过程举例（以 2 小时为例）

（二）结构式团体督导每个步骤的说明

为了使学习者更好地了解和掌握结构式团体督导的每个步骤，特将每个步骤的说明列表（如表 6－6 所示）。团体督导师一定要善用团体的动力，受督者之间的分享和反馈非常重要。

表 6－6　结构式团体督导每个步骤的说明（以 2 小时为例）

阶段	时长	工作内容
开始	10 分钟	除第一次团体督导需要督导师自我介绍和成员互相介绍、订立团体规范外，每一次团体督导开始一般有个热身过程，以营造良好的团体氛围。督导师可以邀请每位成员简单说说这个星期工作是否顺利，也可以回顾上一次督导中获得的收获，把大家注意力拉回到团体中，作为暖场。
个案呈现	30 分钟	报告案例的咨询师可以口头讲一些，也可以呈现某段录音或录像。其他成员认真听或记录。
成员提问	20 分钟	按顺时针顺序，每位成员对受督者提问，新手咨询师用这样的方式更容易带来安全感和掌控感。如果有好几个问题想问，每人也只能一次问一个问题，连续提问可能让受督者有压力。报告个案的受督者即问即答，问完一圈，还有问题可以进行第二圈、第三圈……一圈一圈，一直到没有问题为止。督导师要掌控好时间。
成员反馈	15 分钟	团体成员逐个对受督者的案例给予反馈。受督者不说话，当每位成员反馈时可以做记录。反馈的时候，除受督者外，每位成员要针对所报案例，提出如果自己接这个个案，会从哪些角度切入或工作；也可以对受督者的工作给予肯定。
休息	10 分钟	休息（受督者整理记录和捋清思路，其他成员不要打扰）。
回应说明	15 分钟	回应说明就是受督者对其他成员反馈的反馈，受督者要对每位成员的反馈做出自己的回应，比如哪些方面有启发、有参考，哪些方面自己也做了努力，等等。要对每位成员的反馈给予回应，并且具体。
过程分析	20 分钟	过程分析是全体成员对整个督导过程进行讨论，讨论从中学到什么、获得哪些启发等。督导师最重要的是维持团体、引导转折，不需要讲太多。让成员充分表达，每个人视角不一样，互相帮助。督导师最后对整个督导过程做反馈，并提醒大家下一次团体督导的时间和报案例者的准备。道别。

三、实施结构式团体督导注意事项

（一）注意区分团体督导与案例讨论会

1. 目的不同

团体督导的目的在于协助咨询师提升咨询能力（如观察、诊断、选定咨询策略与技术等）。而案例讨论会的目的在于以行政协调的方式收集更完整的当事人资料，解决当事人的问题。

2. 焦点不同

团体督导更关注的是受督者的专业成长，而案例讨论会的焦点是来访者的问题。因此，案例讨论会主要是对案例进行分析；而团体督导会集中讨论关于受督者发展的不同课题，包括工作管理技能、专业实践技能、影响他人的技能，以及学习技能等。

3. 成员不同

从参与者来看，团体督导讨论的是咨询过程的问题，参加者都是咨询师或接受心理咨询培训的学生；案例讨论会则采取集思广益的做法，例如，来访者是在校学生，参加讨论会的人可以是咨询师、班主任、任课老师、学生管理部门负责人或其他相关人员。

（二）注意团体督导中可能出现的干扰因素

1. 督导师的因素

（1）督导师的消极行为：缺乏重点，控制督导团体，没有倾听或错误理解受督者所呈现的材料，过分严厉，以不适当的形式炫耀自己的知识，讨论离题，等等。

（2）督导师缺乏经验或临床重点：专业经验不足，缺乏明确的理论重点，过分注重操作过程而忽略临床问题。

（3）协同督导师的问题：与督导师的理论取向相冲突或双方的互动实践与他们所倡导的理论不一致。

2. 团体成员的因素

（1）团体成员的消极行为：团体内部的竞争，受督者之间的冲突，有人态度专横或试图控制团体成员，有人不积极参与团体活动，等等。

(2) 对消极行为的个人反应：指参与者的个人反应，包括“团体成员批评我没有按照与他们相同的方式行事”。

3. 受督者的因素

受督者的焦虑和其他负性情感，如：不安全感，感到被孤立、不被支持，焦虑，被迫自我封闭，是团体里唯一的男性或女性，等等。

4. 团体督导的时间管理问题

时间管理不善。例如，没有足够的时间来讨论案例或相关问题，个别人掌控团体的时间，个别案例占用太长时间而导致无法顾及其他的案例，有太多的人都需要时间，在其他事情上耗费太多时间而没有充分讨论受督者的案例，等等。

5. 其他影响因素

例如，临床案例缺乏多样性，团体督导的时间安排太晚，团体督导的时间间隔不合适，成员差异太大，督导师缺席或生病，等等。

第四节 新冠疫情下网络团体督导实践

新冠疫情中，为避免病毒传染，最重要的防控措施是居家隔离，减少人员聚集，因此，无论是热线心理援助还是网络心理咨询都是通过电话或互联网来实现的。对心理援助工作者的专业督导也是通过网络实现的，比如通过微信（9 人以内）、腾讯平台（25 人同屏）、Zoom 平台（49 人同屏）等。网络团体督导可以在有限的时间内帮助更多的人，是保证危机心理援助服务质量的有效方法。

一、疫情心理援助中的网络团体督导

网络团体督导和线下面对面的团体督导不同，需要有基本的条件，比如有电脑或手机、稳定的网络环境、相对独立的个人工作空间。居家隔离、和家人在一起、有孩子要照顾，或家庭居室少、没有安静的环境，可能令人无法专心投入督导工作中。督导过程中最好戴耳机，便于集中注意力，专注于督导过程，也便于保密。此外，也要考虑团体规模：人太多的

话，大家反馈和表达及分享经验的机会少。因此，建议 8～10 人为宜。现在，很多督导师都在网络上进行督导，建议采用封闭式的团体督导，即每次参加督导的成员是固定的，这样容易建立信任的关系和安全的氛围。督导不太适合开放式团体，如果每次督导都有新人，团体关系要再去建立，团体成员安全感会受影响，也不利于保密。督导对象一般要么是受训的咨询师、在职的咨询师，要么是相关专业研究生。督导师要有团体督导的经验，善用团体力量，有督导的伦理意识。

疫情下的网络团体督导要考虑到现实的需求，而且要有良好的网络条件，一定要提前测试网络的稳定性，准备好应急方案。这次疫情中，督导对象集中为危机心理援助热线咨询师或热线志愿者，还有网络心理咨询师。督导师要主动学习国家卫健委发布的相关文件，了解注册系统发布的热线和网络咨询的指南与伦理，尤其要了解危机中的热线服务与网络咨询和日常心理咨询的不同，还需要了解疫情相关的知识、发展的特点以及政府在管控方面的措施。危机状态下的督导师不仅要关注咨询师所报的个案，还要关注咨询师本人的情绪：因为受到疫情影响，有些咨询师个人情绪卷入比较深。

二、网络团体督导的组织与实施

疫情中，心理援助工作的督导受到国家卫健委、专业学术机构、助人服务平台和咨询师的重视。但由于危机干预现状的复杂性，督导资源不够的时候，也可能进行一次性的大规模团体督导，也就是参加督导的人有几十人甚至上百人，也没有特定案例报告者，受督者提出各自的困扰，督导师更多是答疑解惑——更像顾问的角色。如果要更深入地帮助受督者，最好团体规模小一些，能有一个从个案报告上系统一点的、每个参加者都有机会讲话的平台。

新冠疫情下的心理援助督导面临很多挑战，比如团体规模大、督导时间不确定、受督成员不固定等。此外，由于网络团体督导是非面对面接触，建议最好开启视频模式，以便彼此都能看到。对于督导师，还要求有网络相关的工作经验；如果以前经验比较少，需要马上在实战中成长，边学习边做。疫情下，督导师的工作更需要具有指导性、结构性以及灵活性。另外，关于保密的问题，可以参考国家卫健委和注册系统的伦理规范。

关于网络团体督导的具体实施和组织，以下将以由清华大学心理学系与北京幸福公益基金会联合开办的抗击疫情心理援助公益热线开展网络团体督导的经验为例。该热线 2020 年 1 月 29 日开通，实行每天 24 小时热线服务，同时有 13 个坐席员在服务，每位志愿者每天工作 3 小时，在岗 150 多人，后备队伍 200 人。

为了保证热线服务的规范性和专业性，组织方首先制定了招募志愿者的条件：志愿者需要有专业资质和接受过专业训练，招募来的热线志愿者要接受 21 小时必修课和 14 小时选修课培训，熟悉危机干预的理论方法、热线服务的特点和工作流程、热线服务伦理等内容。培训结束通过选拔者才能上岗。上岗的志愿者每 10 个人组成一个督导小组，接线过程中的困扰可以先在组内分享，组长集中问题，选出报案例者，按照热线制定的标准格式填写督导案例，在督导前交给督导师。每周每个督导小组的接线员都会有一次机会为团体督导，每次两小时，成员固定，时间固定，督导师固定。周一到周五，每天晚上有两位督导师进入两个网络团体督导小组。接线员可以每周参加一次网络团体督导，还可以旁听一次网络团体督导。网络团体督导师都具有中国心理学会注册系统专业资格（拥有注册督导师或资深注册心理师资质）。由于需要督导的人多，在由清华大学摸索的督导工作方式下，两小时的督导时间里，有 1.5 小时对一两个接线员的个案报告进行系统团体督导，鼓励督导小组成员互相反馈；还有半小时为开放答疑时间。此外，每周六、日晚上是总督导时间，每晚有两名总督导师（共有 4 名总督导师，都是注册系统资深督导师和精神科医生）对 10 名热线咨询督导师和 6 名危机干预督导师进行“督导之督导”。还设置了危机处理组，每天有一名督导师值班；随时将出现的有风险的个案提交危机处理组，由危机干预督导师协助咨询师处理，以化解危机。也就是每名督导师每周可以有两次“督导之督导”。网络督导用的是 Zoom 平台。

三、网络团体督导的伦理原则

为了保证网络团体督导的规范和效果，中国心理学会临床心理学注册工作委员会伦理工作组 2020 年 3 月 25 日在注册系统公众号上发布了《网络团体督导的八项伦理原则》，为从事网络团体督导的心理咨询与心理治疗专业人员提供参考。其内容包括：

（1）督导师应慎重考虑网络团体督导的独特性、网络媒介的特殊性及其可能的影响，识别所进行的工作是否具有专业督导性质，并且承担相关的专业伦理责任。

（2）督导师应基于自身专业培训及专业经验在专业胜任力范围内开展督导相关工作，且有义务不断加强自己的专业能力。

（3）督导师开展督导工作之前应先确认网络平台及组织者具有合法资质与可靠性，确认合作方了解心理咨询与治疗的专业性质、遵从专业伦理，确认督导过程的规范性，杜绝网络平台共享受督者的个案资料，最大限度地保障来访者的福祉。

（4）督导师有责任监督网络平台筛选和确认参加者的专业身份，参加者人数上限一般以 40 人为宜。

（5）因为督导是针对受督者提供的真实个案进行工作，督导师有责任监督网络平台与受督者、团体成员签署保密承诺（包括不录音，不录像，不截图，不拍照，不对外传播被督导案例、督导过程等各种相关信息，不在微信群、QQ 群等公共平台讨论案例及督导信息），并提醒受督者及团体成员加强伦理意识。

（6）督导师有责任监督受督者在报告个案前获得来访者的知情同意，个案报告须隐匿可具辨识性的个人信息等，督导的重要任务之一就是帮助受督者提升伦理敏感度，增强伦理意识和伦理决策能力。

（7）督导师、受督者和团体成员都有保密的责任和义务，承担相应的伦理责任和法律责任，不得对外传播被督导案例、督导过程以及各种相关信息。

（8）主办方、督导师及团体成员要遵守网络团体督导原则，不得将标有参与督导信息的二维码、ID 账号和密码作为宣传广告对外传播，否则将对由此导致的泄密等问题承担相应的伦理责任。

基本概念

1. 团体督导：团体督导是以团体的形式同时对接受督导的多名咨询师（受督者）所实施的专业提升工作。具体而言，由多名受督者参加，运用团体讨论、成员互动、角色扮演等形式，针对某位咨询师咨询中面临的问题及需要，彼此交流思想和经验，通过来自团体成员及其相互作用过程的反馈，以及督导师的引导，提升受督者对于自己作为咨询师、对于正在开展工作的来访者，以及对于自己所提供的服务的全面理解，以达成提升咨询师专业效能的目标。

2. 团体督导师的角色：团体督导师的角色跟个体督导师一样，有三种是相似的，包括教师、咨询师和顾问角色。但还有一个团体领导者的角色，是区别于个体督导师的，强调团体督导师要引领团体、经营团体，形成团体凝聚力，善用团体动力，提供示范，促进多名受督者在团体情景中开放和积极反馈，有学习、有收获、有成长。

3. 团体成员：同时参与团体督导的受督者（咨询师）。可以是同质性的，如都是实习咨询师；也可以是异质性的，如受督者所处的专业发展阶段不同，有新手咨询师，有资深的咨询师。

4. 团体督导的类型：根据团体规模、团体性质、团体成员、团体时间、团体结构、团体形式、团体方法、工作场域等不同，团体督导的类型也是丰富多样的。

5. 团体督导的过程：与其他团体一样，团体督导也要经过准备阶段、开始阶段、工作阶段和结束阶段。每个阶段都有相应的具体任务。

6. 团体督导评估：团体督导结束时，对团体督导是否有效需要进行评估。团体督导效果评估可以从三个方面进行——对成员的专业成长的评估、对督导师工作的评价和反馈、对督导团体过程的感受。

7. 结构式团体督导：由威尔伯等人（1991，1994）提出并开发的一种团体督导模式。结构式团体督导包含受督者（咨询师）5～10 人，一周一次，连续数周，每次 2～3 小时（视参加人数定），每次 1～2 位受督者报案例。结构式团体督导具有步骤清晰、过程明确、提问具体、互相学习、便于操作、适合初学等特点。

本章要点

1. 团体督导是以团体的形式（如同辈反馈、团体讨论、协同督导等）同时对接受督导的多名咨询师（受督者）所实施的督导，以协助受督者增长知识、提升专业胜任力。

2. 团体督导区别于个体督导的独特优势主要体现在：能节省时间、金钱及专业人力，能减少受督者依赖的行为，可以提供心理上的安全感，有助于受督者减少自我挫败的行为，对受督者的反馈质量高且多元化，有助于受督者学习不同咨询理论和风格。

3. 团体督导师具有教师、顾问、咨询师、团体领导者等多种角色。团体督导师与受督成员是一种专业关系。督导师应提供示范、解释、诊断及运用团体动力知识，而且要在直接向咨询师提供洞察甚至建议与间接帮助其解决问题之间保持平衡。督导师应给予受督者支持，鼓励受督者更为自主。

4. 团体督导实施是一个过程，包括准备阶段、开始阶段、工作阶段与结束阶段。每个阶段督导师都有明确的任务，督导师必须了解且熟悉这些任务。

5. 结构式团体督导的实施步骤包括个案呈现、成员提问、成员反馈、回应说明、过程分析等。

复习思考题

1. 有丰富个体督导经验的督导师就可以做好团体督导吗?

2. 在了解了团体督导的优势和局限后，你觉得学习和应用团体督导需要注意哪些关键因素?

3. 请详述你对团体督导过程不同阶段督导师的任务的认识和理解。

4. 结合你以前所做的团体督导，你觉得学习本章后有什么可以改善的?

第七章

督导的伦理与法律

本章视频导读

学习目标

1. 理解督导师遵守专业伦理的重要示范作用。
2. 熟悉督导师专业胜任力的构成。
3. 提高对督导关系中多重关系的辨识能力。
4. 理解与受督者讨论知情同意的重要性。
5. 基于伦理和法律层面理解督导师在督导过程中承担的责任。

本章导读

在助人专业中，伦理常被称为专业人员的行事准则。特别是涉及专业关系问题时，伦理可以为我们提供标准和界限，即什么样的行为是适当的。督导对专业人员的成长过程是非常重要的。除了帮助受督者将理论知识和专业技能付诸实践之外，督导师的重要作用之一就是做受督者的伦理教师。

督导和咨询不一样。咨询涉及的伦理关系主要是咨询师和来访者双方的关系；而督导是通过提升咨询师的专业胜任力帮助来访者，所以这个过程涉及督导师、受督者（咨询师）和来访者这三者的关系。因此，督导的伦理包括两个方面：一方面，督导师自身应该遵循相应伦理，作为受督者的伦理榜样，以符合伦理的方式去从事自己的专业工作；另一方面，督导师应该对受督导的咨询师在其专业工作中的伦理议题有敏感的觉察，指导受督者注意伦理问题，增强伦理敏感性和提高伦理决策的能力。督导的目的是促使受督者成为有效能的咨询师，与此同时要保障来访者的利益以及公众权益。这个部分既涉及专业伦理，也与法律层面相关。

第一节 督导师的专业胜任力

督导师实际要做的工作既包括对受督者进行专业技能的指导和帮助，同时也包括在伦理规范上成为榜样，提醒受督者注意遵循伦理。对于咨询师，专业技能和伦理规范可以比喻为专业工作的两个翅膀，同样也是督导工作的两个翅膀。

一、专业胜任力与专业伦理对督导师的要求

对于专业胜任力，国内外不同专业组织的伦理守则均有专门的条款进行论述。下面是中国心理学会临床与咨询心理学工作伦理对咨询师和督导师专业胜任力的不同论述：

专业胜任力（咨询师）：心理师应在专业能力范围内，根据自己所接受的教育、培训和督导的经历和工作经验，为适宜人群提供科学有效的专业服务（中国心理学会，2018）。

专业胜任力（督导师）：从事教学、培训和督导工作的心理师应基于其教育训练、被督导经验、专业认证及适当的专业经验，在胜任力范围内开展相关工作，并有义务不断加强自己的专业能力和伦理意识（中国心理学会，2018）。

从中国心理学会对咨询师和督导师专业胜任力的论述中可以看到，两者均要求专业人员在自己的胜任力范围内开展专业工作。而专业人员的胜任力一般认为应包括知识、技能和敬业（或者是态度）（维尔福，2010）。

具备相关知识，意味着对于该领域的历史、理论和研究进行过系统的学习，并对于自身知识的局限性有所了解。具体来说，应掌握的知识包括：该领域的理论和研究，在特定情境下应选择什么知识和干预方法，以及评判新的理论和研究的一系列客观标准（维尔福，2010）。具备相关技能，则指能够将干预手段成功地应用于真正的来访者，这涉及临床技能，指咨询师可以恰当地使用基本面谈技术；技术技能，指对具体治疗手段的有效运用。临床技能包括成功建立治疗联盟的能力、有效沟通的能力和对来访者问题症结的敏感把握能力（维尔福，2010）。

专业人员在最初学习心理咨询和心理治疗的过程中，通常最先关注的是如何学习到专业的技能，以便在临床工作中能够真正派上用场。事实上，专业的态度在胜任力中具有极为重要的地位，是每一位专业人员都需要正视和在实践过程中不断领悟的。态度层面包含了善行、责任、诚信、公正、尊重等要求，即伦理总则（中国心理学会，2018）对专业人员的要求。具体而言，态度涉及下列不同层面：（1）善行。这要求专业人员要帮助来访者，使其从专业服务中获益。这需要我们对专业工作保持投入，竭尽全力。（2）科学的态度。专业人员在临床实践中应以得到科学验证的方法技术去进行干预工作。在新冠疫情期间，我们经常会听到医生说某种方法还没有得到科学的验证，需要在临床实践中进行检验；或者说现在关于病毒有一个新的发现，但未来还要进一步验证。这就是科学的态度。心理咨询和治疗人员在进行专业的干预时，也需要秉持这样的态度。（3）对文化多元性持尊重的态度。前来进行心理咨询和治疗的每位来访者都不同，每个人会显现出个体差异，地域、民族、家庭及个人成长经历都会给他带来一些不同的影响，使得他具有文化的多样性特征。作为咨询师或治疗师，需要尊重这种文化的多样性，时刻意识到专业人员自身和来访者之间的差异带来的影响。

作为咨询师或治疗师，不可能在学习之初就能够很好地将理论运用于专业实践，也很难在短时间内就熟练地将干预手段应用于真正的来访者。

此阶段需要督导师的专业指导。督导师除了在专业知识和技能方面帮助受督者成长之外，其专业态度即如何对待来访者、如何在实践中秉持助人为乐的伦理标准，更是在督导过程中言传身教般影响着受督者。在专业人员学习和成长的过程中，督导师可以帮助受督者明确专业的准则、保持专业的态度、遵守专业的界限。

二、督导师专业胜任力的组成内容

某人是一位很好的咨询师，做的咨询特别有效，来访者都喜欢他，这个人是不是就可以成为好的督导师？好的咨询师并不一定能够自然而然成为好的督导师，就如同好的运动员并不必然是好的教练员一样。

作为督导师，不但应具备一位咨询师应该具备的胜任力，而且应具备从事督导工作所应具备的胜任力，例如：具备督导理论、模型的知识，具备伦理和法律相关的知识，了解督导的方法和技术，知道怎么去做督导工作，具备建立督导联盟的能力，具备平衡使用督导师的教师、咨询师、顾问等不同角色的能力，具备给予受督者有效反馈的能力，具备对自身工作反思的能力，等等。除此之外，督导师还应该熟悉督导相关的伦理、法律和规章，了解督导对受督者的影响。弗兰德等提出了一个关于督导能力的框架，有助于督导师对照学习（Falender & Shafranske，2017）。

督导的角色不是单一的。所督导的咨询师处于不同的发展阶段时，督导师兼有教师、咨询师和顾问的角色（Bernard & Goodyear，2021）。在美国的教育体制中，咨询和临床心理学研究生在最后一年实习时有专门的督导师，督导师还兼具评价者的角色。在这一年的实习里，督导师会为受督者把关；一旦发现有问题，督导师需要指出来。而且在实习结束的时候，督导师要对受督者的专业能力进行评价。受督者若能获得合格的评价，就可以进一步去考取各州咨询师的执照；如果没有获得合格的评价，就需要进一步实习。在这里，督导师扮演的是把关者或守门人的角色。这和我国现阶段的情况不同，但是未来我们在学历培养过程中将逐步过渡到赋予督导师这样的职能。一旦督导师承担了这样的角色，其胜任力对未来的咨询师的影响会是非常大的。

一位好的督导师需要通过自己的言行以及和他人的互动树立专业素养

的模板，并且教授专业相关的知识、技能和态度。对伦理的遵循即体现在专业态度之中。

美国的咨询教育与督导协会（ACES）提出督导师应具备多种特质（维尔福，2010），具体如下：

- 具备作为咨询师的胜任力，包括在评估和干预、个案概念化和案例管理、记录保存以及咨询效果的评估方面的技能。
- 具备与角色相一致的态度和特质，如对个体差异具有敏感性、在督导方面的动机和投入、对角色所伴随的权威感到舒适。
- 熟悉督导的伦理、法律和规章制度。
- 具有督导关系的专业和个人层面的知识，以及督导师对受督者的影响的知识。
- 了解督导的方法和技术。
- 欣赏咨询师发展的过程以及在督导中未展现的部分。
- 有能力对受督者在咨询中的表现进行公正而精确的评估，并能提供建设性的反馈。
- 能够把握咨询督导迅速发展的理论以及研究方向。

从上面的论述中我们可以看到，督导师不仅应具备作为咨询师的胜任力，而且应愿意投身于督导师的专业角色，具有从事督导的动机和热情，这是和角色一致的态度。

督导是一种层级性的工作，督导师的权力大于受督者，无形中就具备某种影响力，督导师必须清楚这种关系中的特点；要从发展的角度看待咨询师的工作情况，对受督者的表现进行公正的评估，给予建设性的反馈，促进其专业成长。更进一步，作为督导师要了解整个专业领域的发展状况；如果不了解，有可能出现采用某些过时的观点或干预方法对受督者进行指导的情况。因此，督导师要不断地接受继续教育，带领受督者在这个领域不断探究新的知识。

三、督导师专业胜任力相关的伦理议题

（一）当督导师遇到不熟悉的专业工作时

有时，督导师可能会遇到自己不擅长的专业工作。例如，督导师对受

督者在个案中使用的技术方法不熟悉，或者受督者接待的新个案人群不是督导师擅长服务的群体。当督导师对他们不太熟悉的领域进行督导时，需要采取合理的措施保证他们的专业胜任力，并保护受督者及其来访者不会受到伤害。

专栏

案例讨论

受督者是认知行为治疗取向的咨询师，前不久参加了家庭治疗的工作坊和短期培训，产生浓厚兴趣，自己阅读了相关书籍。恰好最近有位母亲为女儿预约了咨询，咨询师想到女儿的问题与母亲有很大关系，可以使用家庭治疗试一试。督导师并不擅长家庭治疗，在这种情况下督导师可以怎么做？

案例解析

在这个案例中，督导师需要思考两方面的问题：一方面，要培养受督者的伦理敏感性。咨询师只是参加了家庭治疗的工作坊和短期培训，是否有能力胜任该领域的工作？另一方面，督导关系建立之前，督导师已告知受督者自己的治疗学派倾向是认知行为治疗取向，现在受督者想尝试家庭治疗，督导师是否有能力胜任该案例的督导工作？

如果督导师确实不擅长家庭治疗，督导师如何处理更合适？

如果这种情况发生在存在长期督导关系的工作中，受督者只是在该个案的工作中考虑使用新学习的理论和技术，督导师要做出判断：在自己不擅长家庭治疗的情况下是否可以通过自己的工作帮助受督者？是否可以做到保障来访者的福祉？例如，尽管督导师的专长不是家庭治疗取向，但其还是对该治疗取向的基本理论和方法有所了解，而且可以在咨询关系以及咨询发生效果的共同因素等方面用力，或者可以请受督者报告自己的工作思路，通过与受督者讨论进而对其工作有所帮助。如果督导师确实感到自己不能胜任该个案的督导工作，督导师可以建议受督者就这个案例接受家庭治疗督导师的督导。在对受督者的督导工作不是很有把握的情况下，督导师提出这样的建议是非常重要的，因为这样做能够保障来访者的福祉。

如果受督导的咨询师打算今后尝试以新学习的家庭治疗理论和技术提供咨询，则督导师要与受督者讨论是否中止目前的督导关系，并与其重新讨论督导协议。

督导工作有两个目标，一个是提升受督导的咨询师的专业胜任力，另一个是保障来访者的福祉。其中，保证来访者不受伤害并且在咨询关系中有所获益是专业人员的责任。督导师是咨询师的伦理教师，要帮助咨询师评估是否对新学习的理论和技术具有足够的专业胜任力。咨询师在自己不熟悉的领域开展专业实践时，专业胜任力的获得不但需要通过学习理论和阅读相关文献，还需要督导指导下的实践经验。督导师有责任提醒受督导的咨询师在应用新学习的理论和技术实践时持谨慎的态度。

在咨询师胜任力不足或经验欠缺时，督导师可以帮助咨询师更好地提供咨询，在督导指引下减小犯错误的可能性，保障来访者不受伤害。同时，督导师也要考虑自己是否具有为该案例提供督导的专业胜任力。根据《中国心理学会临床与咨询心理学工作伦理守则》（中国心理学会，2018）第 6.3 条款的规定，督导师应“在胜任力范围内开展相关工作，且有义务不断加强自己的专业能力和伦理意识”。督导师在督导过程中遇到困难时，也应主动寻求专业督导。督导师这种行为本身就是伦理行为，同时也是在为受督导的咨询师做伦理示范。当然，督导师在督导工作中要保持多元的理论立场，不能因为自己不擅长家庭治疗而排斥受督者发展自己的理论立场。

（二）当督导师发现受督者过于依赖时

有效的督导师还要注意避免受督者不健康地依赖。有督导新手咨询师经历的督导师可能会发现：督导了一段时间后，受督者对自己言听计从，非常崇拜自己。这种情况会让人感觉良好，觉得自己的督导工作是有帮助的。但是，像咨询一样（咨询要帮助来访者自强自立），作为督导师，也需要培养受督者的胜任力，而不是要让他一直依赖督导，这就需要督导师对此有觉察能力，特别是当督导师对此感觉良好之时，就需要认真反思自己的工作是否将受督者的利益和需求放在首位了。

如果受督者习惯于依赖督导师，督导师还要观察在受督者的工作中，受督者针对来访者开展工作是什么样的情况，他们之间的关系是否有和督导师与受督者之间的关系的相似之处，这将有助于督导师注意到督导工作中存在的问题，更好地去帮助受督者获得个人和专业方面的成长。

（三）当督导师发现受督者不具备专业胜任力时

督导中提及胜任力的议题，不仅关注督导师本身的胜任力水平，同时也需要督导师对受督者的胜任力的伦理议题具有敏感性。作为专业的教师和教练，在督导过程中应帮助受督者了解自己可以做什么、不可以做什么，并且知道什么时候该做什么。

新手咨询师可能不知道他们会做什么、不会做什么，有时面对自己感兴趣的个案想要“深挖”，但是并不具备深入咨询的胜任力，或者不具备掌控某些个案的能力。当胜任力不足时，他们可能真的会失败。在某种意义上，他们的失败对于他们的自信心是沉重的打击，更重要的是会影响到来访者的获益。此时，督导师需要非常明确地对受督者说“不”，告知其不适合对某个来访者进行咨询，需要转介，这既是对来访者的保护，也是对受督导的咨询师的保护。

第二节　督导关系

专业关系伦理议题最突出的是多重关系，即咨询师与来访者除了存在专业关系之外还存在其他的社会关系。其他的社会关系包括师生关系、亲朋好友关系等，甚至于商业的关系，这些又可以划分为两个部分，一个部分是非性的多重关系，另一个部分是性的多重关系，这些关系都可能在督导的过程中显现出来。督导师不仅要注意自己与受督者的关系界限，还要帮助受督者注意他和来访者之间的关系议题。

一、受督者（咨询师）与来访者的多重关系议题

对于关系议题，督导师要始终保持敏感，应清楚地了解专业伦理的相关规定，知道多重关系对咨询关系、咨询效果的影响，进一步还需要对这种情况应该怎么处理有清晰的了解。

督导中，督导师可能会发现受督者与来访者的多重关系的议题，比如，受督者与来访者带有社交性的活动，如咨询结束了一起去喝咖啡，这也许是来访者发起的，也许是咨询师发起的。这个时候，督导师就需要有专业的敏感性，可能需要和自己的受督者探讨：什么情况、什么情景让他发起这样的社交活动，什么情况、什么情景让来访者发起这样的社交活动，这样的活动对专业的工作有没有影响，如果下一次有这样的情况应该怎么做，等等。

受督者（咨询师）要熟悉在此方面可以遵循的相关伦理条款：

- 受督者（咨询师）要清楚地了解多重关系（例如与寻求专业服务者发展家庭、社交、经济、商业或其他密切的个人关系）对专业判断可能造成的不利影响及损害寻求专业服务者福祉的潜在危险，尽可能避免与后者发生多重关系（中国心理学会，2018）。
- 受督者（咨询师）若发现同行或同事违反了伦理规范，应规劝；规劝无效，则通过适当渠道反映问题。如其违反伦理行为非常明显，且已造成严重危害，或违反伦理的行为无合适的非正式解决途径，受督者（咨询师）应当向本学会伦理部门或其他适合的权威机构举报，以保护寻求专业服务者的权益，维护行业声誉。受督者（咨询师）如不能确定某种情形或行为是否违反伦理规范，可向本学会伦理部门或其他合适的权威机构寻求建议（中国心理学会，2018）。

在专业关系里面，一些多重关系可能涉及的是界限的跨越，伦理的界限被打破了。但是，如果咨询师与来访者有性的关系，则被认为是严重违反伦理的行为，就需要通过适当途径反映问题。这是督导师需要关注的。规劝、向相关机构反映有关的问题，是比较合适的处理方式。督导师也需要当面向受督者指出这个问题，并和受督者进行专门的讨论。

二、督导师与受督者的多重关系议题

（一）非性的多重关系

督导师对此方面议题应保持敏感。督导关系中非性的多重关系可能比咨询中还多，而且可能导致边界不清晰。国内很多督导师在本单位担任督导师，可能同时也是本单位的咨询中心主任或负责人，这就涉及对同事或自己的下级进行督导的问题。还有教师对自己的研究生进行督导，现在也有一些高校有博士生对硕士生进行督导的情况。对于此类情况，需要考虑如何做能够更好地保持专业关系必要的界限和保证督导的效能。

专栏

案例讨论

在临床和咨询心理学研究生培养中，常常有研究生导师对自己的研究生进行督导的情况。虽然导师也知道为研究生进行督导存在双重关系，但考虑到研究生找督导师确实存在相当大的难度，而且督导费用对研究生来说也是个大问题，所以导师还是会决定这样做。问题是：导师可以对自己的研究生进行督导吗？如果对自己的学生进行督导，需要注意哪些问题？

案例解析

尽管导师对自己的研究生进行督导很受师生双方的欢迎，但是在督导过程中可能出现的问题值得督导师慎重考虑。为保证督导效果，需要注意以下问题：

首先，要做好知情同意的讨论。督导师要向受督者明确说明督导师角色和导师角色之间的区别、由导师做督导师可能存在的潜在风险，在受督者知情同意的情况下建立督导关系，以及在督导中发现受督者个人议题工作的深度。一般来说，督导师如果是导师，可以在督导过程中更多扮演教师角色和顾问角色，在咨询师角色方面的工作要更加谨慎，以避免因双重关系带来的移情或反移情。发现受督者的个人议题可以指出来，之后以在具体情境下如何针对来访者开展工作为督导的重点。

其次，要坚持督导的专业设置。其一，注意角色的区分。在做督导师的时候是根据个案的情况进行督导，不涉及其他情况，督导师会秉持公正的态度对受督者胜任力进行评价；在做导师的时候是与学生进行课题研究的讨论，要和专业督导工作区分开来。其二，注意设置的区分。在工作时间和工作场所上要有所区分。督导是一种专业工作，可以安排在咨询室进行，不在办公室这种可能被打扰的环境中进行；非紧急情况下只在专门的时间督导，不在非督导时间讨论个案的问题。

再次，有意识地避免相互干扰。在督导关系里，督导师倾向于与受督者讨论对个案不同视角的思考。需要注意的是，导师和学生之间的权力是不对等的，有时导师可能掌握着控制权，而学生更倾向于满足导师的要求；当把不均衡的关系带入督导关系里，受督者更容易对督导师产生依赖心理，不利于受督者提升专业胜任力。

此外，与受督者的督导关系也可能导致作为导师的客观性变模糊，造成对其他学生的不公正，或者也可能引起其他学生的嫉妒或误解，这些都是要注意避免的。

最后需要注意的是，如果可以寻求更好的解决方案，还是应尽量避免双重关系。

该案例呈现的问题是非常普遍的。既因为督导师资源匮乏，也因为学生尚无经济条件支付督导费用，于是导师给学生提供督导。从导师的立场来讲，会认为继续给学生提供督导与专业课程的讲授是很好的衔接，完成了人才培养任务；从学生的普遍反馈来看，学生对导师提供的督导通常也是非常满意的。非性的多重关系还可能涉及其他情况。比如，督导师临时有项任务，顺手把这项任务分给今天来接受督导的学生。在高校，很多督导师免费或是收很少的费用为学生督导，学生出于感激之情，觉得自己应该做点什么，甚至主动说要为督导师做事情。这个时候可能出现本不应该让受督者做的事情却让受督者去做。比如，有督导师让受督者帮自己打印、校对文稿，甚至工作量非常大。这时需要考量是否考虑到了受督者的福祉、有没有利用受督者的情况。

（二）性或浪漫关系

督导师和受督者的关系方面还有一个问题就是性或浪漫关系，包括一些主动的、恶意的性骚扰。有研究考察了临床督导师和受督者之间的性接触，这些研究发现有此经历的情况比例从 0.2%（Thoreson et al.，1995）到 4%（Pope，Levenson & Schover，1979）。此类报告的大多数接触发生在 40 多岁的男教师和 25～35 岁的女学生之间。此外，大多数性关系始于督导关系。例如，哈梅尔（Hammel）等人（1996）报告，在他们的研究中，86%的接触发生在专业关系形成过程之中或之前（维尔福，2010）。此类情况目前在伦理守则中均明令禁止。

中国心理学会的伦理守则指出：承担教学、培训和督导任务的心理师有责任设定清楚、适当、具有文化敏感度的关系界限，不得与学生、被培训者或受督者发生亲密关系或性关系，不得与有亲属关系或亲密关系的专业人员建立督导关系，不得与受督者卷入心理咨询或治疗关系（中国心理学会，2018）。

此外，督导师进行的督导工作中的关系和从事咨询中的专业关系一样，督导师是不能给有亲属关系、亲密关系的人做督导的，也不能给有性关系的人做督导；如果对方是督导师的亲属、配偶或正在交往的恋爱对象，则督导师不能与之建立督导关系。

为什么要尽量避免或不允许有多重关系？第一，不符合伦理的双重关系可能会损害督导师的判断力，督导师可能无法给予受督者客观的评价。例如，督导师让受督者做一件事情而受督者没去做，督导师可能心生怨意，影响到其对受督者的看法，可能产生对受督者先入为主的想法，一旦受督者与来访者出现关系方面的问题，督导师就有可能认为这是由受督者个人问题造成的。第二，受督者可能被非法利用。督导师利用其占据的优势地位，对受督者进行劳务的剥削甚至性的剥削，这都是需要注意的问题。第三，一旦督导师与受督者有了亲密关系或性关系，督导工作就会受到此关系的极大干扰，受督者的利益及其来访者的利益均可能因此无法得到保障，受督者还可能因此而受到伤害。

多重关系的发生可能开始于一种微信的交流，之后关系会一步步发展，即关系的发展是一个过程。面对多重关系，督导师可以参考在咨询关系中对此进行伦理决策的基本思路（具体见博塞夫，2012）来思考：除了督导关系以外，进入另一种关系是必要的吗？其他关系会影响到受督者的利益、福祉吗？其他关系是否会带来扰乱督导关系的危险？督导师能客观地进行评估吗？

专栏

督导师问与答

问：督导师与受督者是同行，很难保证不在同一个微信群里。如果在督导协议中说明并做出相关的约定，可以吗？

答：督导关系的界限是最容易混淆的。虽然不是咨询关系，但督导也是一种专业工作，建议督导关系中的双方予以高度重视。一方面，督导双方可以在形成督导关系前讨论督导协议时，对界限问题及其可能的影响进行充分的讨论；另一方面，督导双方可以在督导期间避免进入同一微信群，待督导结束以后再恢复。如果督导师和受督者是微信好友，更要注意关系的边界。

建议督导师将自己使用的工作微信号和个人微信号区分开。工作微信号仅限于预约时间或请假，不做其他的事情，例如不要发个人的、家庭的信息和照片等。设想一下，即使督导师只是利用工作微信号在朋友圈发送专业培训或专业活动方面的信息，也可能会对受督者产生一定的影响。如果受督者在朋友圈点赞或评论，有可能增加多重关系的潜在风险。此外，这还涉及保密相关的问题：考虑到微信后台的管理问题，有可能出现泄密等情况。因此，不要在微信里传递案例报告，或做关于个案的讨论。建议专业人员在使用微信等社交媒介时，要有保持专业界限的伦理意识。

第三节　督导中的知情同意与保密

一、督导中的知情同意

督导关系是持续一段时间的（Bernard & Goodyear，2021）。正式建立督导关系之前，应进行知情同意，签署知情同意书或督导协议。通常，一份督导协议应包括督导的目的、督导师的专业背景、督导师和受督者的期望与责任、督导过程和督导结构、督导关系的界限、评估方法和发展计划、伦理守则和相关的法律条款等内容（莱恩·斯佩里，2012）。受督者在寻找督导师之前，对督导师的专业背景情况应有一定的了解；而督导师也需要对受督者有所了解，督导协议或知情同意书的签署要建立在双方都有一定了解的基础上。督导师的专业背景不一定写在协议中，但是双方对督导的期望和责任是需要考虑写入的。例如，受督者希望更多提升哪个方面的胜任力。督导师和受督者的责任与义务在知情同意过程中也应明确提出，例如，受督者要提前准备录音或者逐字稿，要按时到达督导的地点，督导师也一样；如果不能按时出席，双方都要提前请假。督导过程和督导结构部分，督导怎么做，督导师也要提前和受督者进行说明和讨论；此外，也需要提前讨论双方关系的界限。督导师也应对受督者的胜任力水平进行评估，评估后考虑督导计划，结合受督者的督导目标明确督导工作的重点。进一步，在伦理和法律方面，例如保密等方面的情况都要在知情同意的环节认真讨论。督导开始前，还需要明确：当督导结束时，督导师是否要对受督者给予专业能力的评价，评价将如何进行，其作用如何等。

在中国心理学会的伦理守则中，对督导在知情同意及评估方面的工作有下列论述：担任督导任务的督导师应向受督者说明督导目的、过程、评估方式及标准，告知督导过程中可能出现的紧急情况，中断、终止督导关系的处理方法。督导师应定期评估受督者的专业表现，并在训练方案中提供反馈，以保障专业服务水准。考评时，督导师应实事求是，诚实、公平、公正地给出评估意见（中国心理学会，2018）。

另一个与知情同意相关的议题是，来访者是不是有权知道咨询师是有督导的。从保障来访者的权利的角度看，应该告诉来访者。咨询师在咨询开始之前，就应该把他有督导的情况告诉来访者，因为这涉及来访者的隐私权——来访者的隐私会被咨询师告知督导师。来访者有权知道自己的隐私谁会知道。对这一点，督导师在知情同意的过程中也应向受督者说明。

专栏

案例讨论

某咨询师在首次接受督导时提出自己的困惑：如果告诉来访者自己在接受督导，会不会影响来访者对自己的信任？其实，自己花费精力接受督导是为了更好地帮助来访者，一定要告诉来访者吗？如果来访者同意咨询但不同意接受督导，要如何处理？

案例解析

来访者对咨询师接受督导有知情同意的权利。如果咨询师正在接受督导，特别是实习咨询师，在与来访者建立咨询关系之前有责任明确告知来访者。主要有两方面的原因：其一，咨询师接受督导比较多的情况是实习咨询师或新手咨询师，可能还属于咨询师受训阶段，尚不具备足够的专业胜任力，需要在督导师的指导下提供咨询；其二，尽管咨询师接受督导是在专业情境下讨论个案，督导师同样负有为来访者保密的责任，但来访者的隐私还是超越了咨询师与来访者之间的保密协议，存在一定的泄密风险。来访者有权利对上述情况知情，并在知情的基础上做出是否同意由正在接受督导的咨询师提供咨询的决定。

来访者对于咨询师接受督导，可以同意，也可以拒绝。如果是实习咨询师或者在某个专业培训项目里的新手咨询师，在机构或项目说明里通常都标明在岗咨询师的资质以及受训经历。来访者在选择接受服务前已经知道咨询师在接受督导，包括可能需要录音，来访者如果不同意就可以不选择这种服务。

如果来访者对咨询师接受督导有疑惑，咨询师有责任做好解释说明。咨询师可以与来访者讨论督导的意义。来访者有权利了解督导程序，包括咨询师接受的是个体督导还是团体督导，团体督导的规模、人数等。咨询师有责任告知来访者接受正在被督导的咨询师咨询的风险以及潜在益处。经验表明，如果能够跟来访者解释为什么有督导、督导的作用以及督导过程中的保密要求和保密措施，通常来访者都会接受，而且有些来访者甚至觉得有督导更好，相信咨询师在资深专家指导下的咨询对自己更有帮助。

当然，也有个别来访者同意接受咨询但不同意咨询师接受督导，咨询师要尊重来访者的决定。但是，对于接受督导的咨询师是否可以为来访者提供咨询服务，要具体情况具体分析。如果咨询师已经与来访者就有关接受督导的原因和益处进行知情同意的讨论，来访者仍然不同意咨询师接受督导，这种情况下督导师有责任做出评估，即根据咨询师现有的专业水平评估其是否可以独立为来访者提供咨询服务。如果是实习咨询师，还不具有提供咨询的专业资格，通常是不能够独立为来访者提供咨询服务的。当督导师评估受督者不具有足够的专业胜任力时，受督者要向来访者做好说明，请来访者寻求其他资源，为来访者做好转介。

二、督导中的保密

对于和保密相关的议题也要保持敏感。督导师应该知道专业伦理的相关规定，也知道针对这种情况应该怎么做，这样才能更好地对受督者的工作进行指导。

（一）保守秘密

为来访者保密是咨询的重要原则之一，也是专业伦理的要求。督导工作中，督导师的保密工作涉及两个方面：督导师要为受督者的来访者保密，督导师还要为受督者保密。

督导师在督导过程中需要注意，受督者作为咨询师对来访者的隐私负有保密责任。相关议题包括对来访者在咨询中透露的个人隐私情况的保密，包括：是否在案例记录中保存相关信息；案例研究发表时会不会泄露来访者的隐私；当来访者有伤害自己或他人的严重风险时，突破保密的注意事项等。对于这些，督导师都需要在督导中予以关注和帮助把关。徐西森等（2007）指出：由于督导人员对于受督者的咨询行为负有连带的专业责任，因此在督导过程中，督导人员必须切实要求受督者尊重来访者的隐私权及保证来访者的个人机密资料不外泄。

督导师还需要对受督者的隐私进行保密。在督导过程中，督导师会了解到受督者的一些个人隐私。有时，督导师可能会无意识地认为这种情况不属于保密范畴。例如，在受督者情绪有些低落的情况下，当督导师询问时，受督者会告诉督导师自己个人生活方面的事情。这种情况虽然意味着受督者对督导师的信任，但并不代表督导师可以将受督者的情况告知他人。

还有这样的情况：督导师持续为受督者的一个固定的案例进行督导，对这个案例涉及的来访者的很多情况非常熟悉，那么督导师对来访者的隐私也负有保密的责任。

在进行团体督导时，督导师应注意在督导团体中首先确立保密原则。这是尊重来访者个人隐私的需要，也是法律对个人隐私权进行保护的要求。相应地，对于案例相关的资料也要注意保密，包括录音录像和个案记录。督导师对自己进行督导案例记录的保存，同样也需要做到保密。

目前，采用网络进行咨询和督导的情况日益增加，督导师不仅自己要注意网络督导中的设置及其保密议题，同时也需要提请受督者对保密议题保持高度关注。如果通过网络进行团体督导，一定要注意成员的选择，以及团体成员有事前的知情同意，要求全体成员签署督导协议及保密承诺。特别需要注意的是，不得在开放的网络空间进行真实案例的督导。

（二）涉及突破保密的情形

保密议题中最突出的是受督者的来访者有伤害自己或他人的严重危险，这时要突破保密进行危机干预，督导师要指导受督者如何突破保密进行危机干预；此外，遇到未成年人或者其他一些不具备完全民事能力者受到虐待需要报告的情况，都需要突破保密。突破保密需要考虑如何告知来访者、将情况报告给谁、谁能给予帮助等一系列有待处理的事情，都需要具体情况具体分析。但在突破保密的过程中，始终要把保障来访者的福祉放在首位。

当受督者本人涉及严重违背伦理的情况时，督导师需要突破保密。此外，当咨询师被要求做法庭证人，涉及披露来访者的信息和情况时，督导师需要和受督导的咨询师认真讨论如何面对，根据具体情况进行具体处理。

遇到危机干预与突破保密的情况，尤其是危机干预，最好由团队一起处理，不要单独一个人承担压力。团队联合作战，有危机干预方案与干预网络。同时注意，突破保密以后涉及人员仍然需要有保密承诺，这是督导师应该指导受督者注意的要点之一。比如在处于危机中的某位学生来访者的学校，院系负责学生工作的老师被告知了来访者的情况，仍然需要明确告诉来访者的老师和同学不能随意散布这个学生的信息，大家都负有保密的义务。

危机干预的督导特别需要注意的是，要把保障来访者的生命安全放在第一位。通常，咨询过程中要保护来访者的隐私权，但相较而言，生命权是更重要的，有些情况下需要牺牲一部分隐私权以保障来访者的生命安全；或当来访者存在危害他人或社会的严重风险时，要将保障他人及社会公众的生命财产安全放在第一位。这是督导师需要关注的伦理和法律方面的议题。斯佩里（2012）曾经从善行和自主性角度讨论此方面的议题，指出：自杀干预将无伤害与自主性的伦理原则并置。为了挽救来访者的生命（善行），来访者的自由（自主性）可能需要受到暂时的限制。

在突破保密方面，督导师还需要注意保障受督者的生命及安全。如果受督者被他的一个有人格障碍倾向的来访者威胁，且情况特别严重，督导师也需要和受督者讨论突破保密的事项，保障受督者的生命安全。

第四节　督导中与法律相关的议题

督导师应该主动学习相关法律法规，如《精神卫生法》《民法典》《未成年人保护法》《反家暴法》等；在疫情特殊时期，还应了解《传染病防治法》等法律及有关法规。对这些法律条款的学习，有助于督导师在督导实践中更好地帮助受督者处理与法律相关的问题，包括隐私权的保护。同时，在对 18 岁以下未成年人的工作中要特别注意监护人的作用，以及对未成年人遇到性侵等事件的处理等。

督导师的督导工作本身也涉及法律责任。督导师的法律责任可以分为直接责任和连带责任。如果是督导活动本身导致的伤害，属于督导师的问题，是直接责任。例如，督导师出现对知情同意的违背行为，违反了保密原则，与受督者有不恰当的双重关系等。连带责任是指督导师由于与受督者之间的关系要承担的法律责任。例如，由于受督者的工作产生的伤害，原本属于咨询师的问题，但因为存在督导关系，督导师仍然要根据情况负一定的责任。当然，承担这样的责任是有条件的。伯纳德和古德伊尔（2021）指出：如果受督者是自愿在督导师的指导和监控下工作的，而且受督者是在督导师许可的任务范围内工作的，同时，督导师必须有权指导和控制受督者的工作，在这样的前提条件下，对于由受督者的工作导致的伤害，督导师负有连带责任。在美国著名的伤害他人的案例 Tarasoff 案中，督导师的作为就存在问题。目前在我国，绝大多数督导师还不具备指导和监控受督者的完全的权利，这些权利及相应带来的法律上的连带责任的落实还有待时日。

从以上论述中，督导师可以汲取的经验是应与受督者保持信任关系，以便更好地把握受督者工作中的情形，同时，需要随时了解心理健康机构和整个职业领域的法律问题，必要时聘请法律顾问。在有需要时，督导师也可以寻求“督导之督导”以及可以信赖的其他专业人员的帮助。需要注意的是，对于所有与危机及特定情况相关的事件，督导师都要做好记录。

专栏

案例讨论

受督者是一名新手咨询师。最近，这名咨询师接待了一位有较深创伤的来访者，受到该个案背后的东西吸引，觉得可以深挖。可是，督导师认为该个案超出了受督者目前的专业胜任力，建议受督者转介这一个案，督导师和受督者出现意见分歧。这种情况下，督导师应如何处理？

案例解析

这里先讨论如果受督者是实习咨询师，督导师遇到这种情况时的处理方法，然后再说明如果受督者是新手咨询师的情况。

一般情况下，督导师最相关的责任问题常出现在为实习咨询师提供督导时，因为实习咨询师还处在受训阶段，尚不能独立工作，需要在督导师的指导下实践。督导师在帮助实习咨询师提高专业胜任力的同时，还要保证实习咨询师的服务品质；同时，保障受督者的来访者的福祉也是督导师的责任。因此，在明确的督导关系下，督导师要跟进实习咨询师所咨询的全部个案的进展情况。一旦实习咨询师所做的个案发生问题，特别是如果所做个案是在督导师的指导下进行的咨询，督导师要承担一定的责任。

具体分为两种情况：一种情况是督导师已经对受督者应如何工作有所指导，但受督者并没有执行；另一种情况是督导师没有给予指导，可能是疏忽也可能是没有发现问题。显然，在后一种情况下，督导师要承担的责任更大。如果是督导师疏忽，属于督导师的工作态度问题，督导师有责任对实习咨询师认真督导以保障来访者的福祉，这是督导师应遵守的伦理规范。如果是督导师没有发现受督者的问题，属于督导师的专业胜任力问题，督导师应有能力根据受督者的发展水平发挥督导效能。

如果受督者已经是咨询师（包括新手咨询师也已经是可以独立开展咨询业务的专业人员），在我国目前的情况下，督导师的建议对受督者的约束力取决于双方的督导关系以及督导知情同意的讨论。如果是暂时的、短期的督导关系，或者在督导协议里没有对督导中可能出现的问题进行充分讨论，极有可能出现前述案例中发生的情形。

因此，督导师在开始督导之前要注意对受督者专业胜任力进行评估，重视对督导协议的讨论，明确督导双方在督导关系中的权利和责任。同时，督导师作为指导者，有责任与受督者建立良好的督导关系：一方面，对受督者愿意接受挑战这一点予以肯定，认可受督者希望通过应对困难个案快速提高自己的专业水平的做法；另一方面，向受督者解释为什么不能做超出专业胜任力范畴的工作，这既是为了保障来访者的福祉也是对新手咨询师的爱护。无论是督导师还是受督者，都要以保障来访者的福祉为首要原则，循序渐进地提高受督者咨询个案的难度，帮助受督者克服困难、获得专业方面的持续发展，不能以有可能给来访者带来伤害为代价来提升专业人员的专业胜任力，这是督导双方需要达成的伦理共识。

督导师要注意避免的情况是，新手咨询师因为体验到压力而在督导过程中不报告自己咨询过程中的困难，因为这样不仅可能导致督导师要为不知道的咨询情况负责，更重要的是咨询师为来访者提供的咨询质量得不到保障，势必会损害来访者的福祉。

督导师是受督者的专业引路人。由于督导师对实习咨询师的服务承担一定的责任，因此督导师在为实习咨询师提供督导服务的过程中要做好以下工作：在实习咨询师开始咨询服务之前，督导师要充分评估其咨询技能，考察实习咨询师是否可以开始实习。如果是机构内的督导师，建议对实习咨询师接手的个案做初步筛选，实习咨询师最开始接手的个案不宜太复杂，个案的复杂程度以与实习咨询师先前的培训经历和经验相匹配为宜。督导师有责任对实习咨询师认真督导，帮助实习咨询师克服困难，避免错误或将错误最小化，保护来访者的福祉免受损害；同时，帮助实习咨询师获得专业成长。

督导师是受督者的伦理教师。应该在督导中关注伦理的议题，在督导工作中时刻注意伦理总则提出的善行、责任、公正、诚信和尊重原则（中国心理学会，2018）。注意，在督导工作中培养受督者自我觉察能力和伦理敏感性是督导师的重要工作任务之一。

基本概念

1. 督导师胜任力：督导师基于其教育训练、被督导经验、专业认证及适当的专业经验有效提供督导服务的专业能力，包括督导相关的知识、技术及伦理。

2. 督导师的直接责任：由于督导活动本身产生的伤害属于督导师的问题，督导师负有直接责任。

3. 督导师的连带责任：由于受督者的工作产生的伤害属于咨询师的问题，但因为存在督导关系，涉及督导师督导过的案例，督导师仍然要根据情况负一定的责任，即连带责任。

本章要点

1. 督导的伦理会涉及两个方面：督导师自身遵循相应伦理，应该成为受督者的伦理榜样，遵循伦理去从事自己的专业工作；同时，督导师应对咨询师专业工作中的伦理议题有敏感觉察，指导受督者注意伦理问题。

2. 督导师应在专业胜任力范围内提供督导，要将自己的督导工作限制在一个可以管理的范围内。

3. 督导师不仅要注意自己与受督者的关系界限，还要帮助受督者注意与来访者之间的关系议题。

4. 在正式开始督导以前，督导师应与受督者进行知情同意的讨论，同时对受督者接待来访者所获得的信息及督导过程负有保密的伦理责任。

5. 督导师应该主动学习相关法律法规。督导师的督导工作本身也涉及法律责任，督导师的法律责任可以分为直接责任和连带责任。

复习思考题

1. 督导师是否需要具备咨询师的专业胜任力？为什么？

2. 督导的目的是帮助受督者提升咨询能力，所以不需要特别维护督导关系。你认为这种说法正确吗？

3. 督导双方都是专业人员，督导师还需要和受督者进行知情同意讨论吗？

参考文献

中文文献

Bernard，J. M. & Goodyear，R. K.（2005）．临床心理督导纲要：第 3 版．王择青，刘稚颖，等译．北京：中国轻工业出版社．

Bernard，J. M. & Goodyear，R. K.（2021）．临床心理督导纲要：原著第 6 版．刘稚颖，译．北京：中国轻工业出版社．

Corey & Callanan（1997）．咨询伦理．杨瑞珠，总校阅．台北：心理出版社．

Falender，C. A.（2022）．基于胜任力的临床督导师．东方明见督导师培训资料．

Falender，S.（2010）．临床督导案例：能力取向．北京：中国轻工业出版社．

Goodyear，R. K.（2022）．基于胜任力的临床督导：实践与挑战．东方明见督导师培训资料．

Proctor，B.（2008）．Group supervision：a guide to creative practice. SAGE Publications Ltd.

Yalom，I. D. & Leszcz，M.（2010）. 团体心理治疗——理论与实践．李敏，李鸣，译. 北京：中国轻工业出版社．

伯曼（2019）．个案概念化与治疗方案：咨询理论与临床实务整合的案例示范：英文第 3 版．游琳玉，等，译．北京：北京理工大学出版社．

博塞夫（2012）．心理学研究中的伦理冲突．苏彦捷，译．重庆：重庆大学出版社．

蔡美香（2022）．区辨模式沙盘督导，对受督焦虑与督导效能之影响：十二次沙盘督导之研究．教育心理学报，53（3）：687-716.

蔡秀玲（2012）．影响督导工作同盟发展之要素：督导双方之观点．教育心理学报，43（3）：547-566.

陈发展，梁丹，张洁，等（2008）．有无临床督导经历的心理咨询师在职业伦理意识方面的对照研究．中国民康医学，20（23）：2746-2748+2771.

陈瑜，樊一鸣，桑志芹，郑启赟（2019）．督导重要事件对新手咨询师专业成长的影响．心理科学，42（5）：1260-1266.

樊富珉，黄蘅玉，冯杰（2002）．心理咨询与治疗工作中督导的意义与作用．中国心理卫生杂志，16（9）：648-652.

樊富珉（2001）．我国内地社会工作教育：实习与督导的现状与发展．社会工作实践及评估学刊，1：46-55.

樊富珉（2005）．团体心理咨询．北京：高等教育出版社．

佛兰德，等（2020）．临床心理督导：提升文化胜任力．钱捷，吴明霞，张磊，译．重庆：重庆大学出版社．

黄蘅玉（2006）．心理咨询中督导者的能力．中国心理卫生杂志，20（5）：345-347.

霍金斯，等（2022）．助人专业督导：第5版．侯志瑾，璩泽，译．北京：人民邮电出版社．

贾晓明，安芹（2005）．循环督导理论的团体督导实践与探索．中国临床心理学杂志，13（2）：240-243.

蓝菊梅（2011）．受督者实习中途转换谘商督导者经验——隐而未说的增加导致较不满意的督导关系．止善，11：73-104.

李林英（2004）．心理治疗与咨询中临床督导工作的探讨．中国临床心理学杂志，12（1）：96-99.

连廷嘉，徐西森（2003）．谘商督导者与实习谘商员督导经验之分析．应用心理研究，18：89-112.

连廷嘉（2006）．谘商督导工作同盟内涵及其影响因素之探讨．谘商与辅导，25（1）：8-11.

梁毅，陈红，王泉川，钱铭怡，黄希庭（2009）．中国心理健康服务从业者的督导现状及相关因素. 中国心理卫生杂志，23（10）：685-689.

林家兴，黄佩娟（2013）．台湾咨商心理师能力指标建构之共识研究．教育心理学报，44（3）：735-750.

林家兴，等（2012）．咨商督导实务．台北：双叶书廊有限公司．

林令瑜，钱铭怡，王浩宇，庄淑婕（2017）．国内心理咨询一对一督导的伦理实践情况调查．中国心理卫生杂志，31（1）：25-29.

佘壮，孙启武，江光荣（2017）．治疗效果评定量表在中国大学生群体中的信效度检验．中国临床心理学杂志，25（2）：272-275.

沈黎，邵贞，廖美莲（2019）．助人工作领域督导关系的研究进展与展望——基于

2000—2018 年的文献研究．社会工作，2：93-107.

斯佩里（2012）．心理咨询的伦理与实践．侯志瑾，译．北京：中国人民大学出版社．

苏细清（2004）．Holloway 的系统取向督导模式对我国临床督导的启示．中国临床心理学杂志，12（1）：92-95.

汪芬，黄宇霞（2011）．正念的心理和脑机制．心理科学进展，19（11）：1635-1644.

王伟，贾晓明，张明（2015）．新手咨询师的督导体验．中国心理卫生杂志，12（29）：901-907.

徐青，杨阳（2006）．心理治疗临床督导理论模型综述．中国临床心理学杂志，14（4）：421-423.

徐西森，黄素云（2007），咨商督导理论与研究，台北：心理出版社．

徐西森（2015）．受督者谘商困境及其受督讨论历程对督导关系发展影响之初探研究．谘商心理与复健谘商学报，28：93-118.

许皓宜（2012）．督导关系与督导成效：实务工作中的启发．辅导季刊，48（4）：10-17.

许韶玲，萧文（2014）．更有效地利用督导——初探督导前的准备训练对受督导者进入谘商督导过程的影响内涵．辅导与谘商学报，36（2）：43-64.

许韶玲（2004）．受督者于督导过程中的隐而未说现象之探究．教育心理学报，36（2）：109-125.

许韶玲（2005）．谘商新手在督导过程隐蔽未揭露的讯息．辅导季刊，41（3）：31-38.

许维素（1993b）．督导关系初探（下）．谘商与辅导，95：6-11.

维尔福（2010）．心理咨询与治疗伦理：第 3 版．侯志瑾，译．北京：世界图书出版公司．

游琳玉，贾晓明（2014）．心理咨询与心理治疗督导伦理的定性研究．中国心理卫生杂志，28（12）：920-925.

于慧（2020）．社会工作督导风格、督导关系与工作满意度的相关研究．上海：上海师范大学．

曾怡茹，林正昌（2021）．如何辨识与回应受督者在督导历程中的抗拒行为．辅导季刊，57（4）：33-44.

张淑芬，廖凤池（2010）．受督者知觉之谘商督导关系历程及督导关系事件研究．教育心理学报，42（2）：317-338.

赵燕（2017）．心理咨询督导关系及其影响因素综述．教育观察，6（24）：10-13.

中国心理学会（2018）．中国心理学会临床与咨询心理学专业机构和专业人员注册标准（第二版）．心理学报，50（11）：1303-1313.

中国心理学会（2018）．中国心理学会临床与咨询心理学工作伦理守则（第二版）．心理学报，50（11）：1314－1322.

中国心理学会临床心理学注册工作委员会伦理组（2020）．网络团体督导的八项伦理原则．CPS临床心理注册系统公众号发表，03－25.

周蜜，贾晓明，赵嘉璐（2015）．心理咨询督导关系中的权威特征．中国心理卫生杂志，29（12）：908－913.

宗敏，赵静，贾晓明（2015）．基于区辨模式对不同发展水平咨询师督导历程的比较．中国心理卫生杂志，29（12）：914－920.

英文文献

Andrews, L. B. & Burruss, J. W. (2004). Core competencies for psychiatric education: defining, teaching, and assessing resident competence. American Psychiatric Publishing Inc.

Anekstein, A. M., Hoskins, W. J., Astramvich, R. L., Garner, D. & Terry, J. (2014). "Sandtray supervision": integrating supervision models and sandtray therapy. Journal of Creativity in Mental Health, 9:122－134.

Angelica T., Melody A. S. & Christina E. (2022). Ecological systems approach to supervision in action: a training center example from a supervisors' perspective. Translational Issues in Psychological Science, 8(2):210－220.

Angus, L. & Kagan, F. (2007). Empathic relational bonds and personal agency in psychotherapy: implications for psychotherapy supervision, practice, and research. Psychotherapy : Theory, Research, Practice, Training, 44(4): 371－377.

APA (2011). Revised competency benchmarks for professional psychology. https://www.apa.org/ed/graduate/revised-competency-benchmarks.doc.

APA (2012). Benchmarks rating form all levels. https://www.apa.org/ed/graduate/ratingform.doc.

Bakes, A. S. (2005). The supervisory working alliance: a comparison of dyadic and triadic supervision models. Doctoral dissertation, Idaho State University.

Bang, K. & Park, J. (2009). Korean supervisors' experiences in clinical supervision. Counseling Psychologist, 37(8): 1042－1075.

Belar, C., Brown, R. A., Hersch, L. E., Hornyak, L. M., Rozensky, R. H., Sheridan, E. P., Brown, R. T. & Reed, G. W. (2001). Self-assessment in clinical health psychology: a model for ethical expansion of practice. Professional Psychology,

Research and Practice, 32(2):135-141.

Bergmann, S. (2017). Acheving excellence through feedback-informed supervision. In D. S. Prescott, C. L. Maeschalck & S. D. Miller (Eds.). Feedback informed treatment in clinical practice reaching for excellence :88-104. American Psychological Association.

Bernard, J. M. (1979). Supervisor training: a discrimination model. Counselor Education & Supervision, 19(1): 60-68.

Bernard, J. M. (1997). The discrimination model. Chapter in handbook of psychotherapy supervision . John Wiley.

Bernard, J. M. (1997). The discrimination model. In C. E. Watkins, Jr. (Ed.). Handbook of psychotherapy supervision : 310-327.

Bernard, J. M. (2006). Tracing the development of clinical supervision. The Clinical Supervisor, 24(1-2): 3-21.

Bernard, J. M. (2014). The use of supervision notes as a targeted training strategy. American Journal of Psychotherapy, 68(2): 195-212.

Bernard, J. M. & Goodyear, R. K. (2004). Fundamentals of clinical supervision (3rd ed.). Allyn & Bacon.

Bernard, J. M. & Goodyear, R. K. (2014). Fundamentals of clinical supervision. (5th ed.). Boston: Pearson.

Bernard, J. M. & Goodyear, R. K. (2019). Fundamentals of clinical supervision (6th ed.). Boston: Pearson.

Black, P. & Wiliam, D. (1998). Assessment and classroom learning. Assessment in Education Principles Policy & Practice, 5(1): 7-74.

Blake, R. R. & Mouton, J. S. (1971). A behavioral science design for the development of society. The Journal of Applied Behavioral Science, 7(2): 146-163.

Borders, D. A. & Brown, L. L. (2006). The new handbook of counseling supervision.

Borders, D. A. , Welfare, L. E. , Greason, P. B. , Paladino, D. A. & Wester, K. L. (2012). Individual and triadic and group: supervisee and supervisor perceptions of each modality. Counselor Education & Supervision, 51(4): 281-295.

Borders, L. D. (1991). A systematica approach to peer group supervision. Journal of Counseling & Development, 69: 248-252.

Bordin, E. S. (1983). A working alliance based model of supervision. The Counseling

Psychologist, 11(1): 35-42.

Burke, W. R., Goodyear, R. K. & Guzzard, C. R. (1998). Weakenings and repairs in supervisory alliances: a multiple-case study. American Journal of Psychotherapy, 52 (4): 450-462.

Campbell, J. M. (2006). Essentials of Clinical Supervision. Hoboken, NJ: Wlley.

Carroll, M. (2007). One more time: what is supervision? Psychotherapy in Australia, 13: 34-40.

Caverzagie, K. J., Shea, J. A. & Kogan, J. R. (2008). Resident identification of learning objectives after performing self-assessment based upon the ACGME Core Competencies. Journal of General Internal Medicine, 23(7): 1024-1027.

Chen, E. C. & Bernstein, B. L. (2000). Relations of complementarity and supervisory issues to supervisory working alliance: a comparative analysis of two cases. Journal of Counseling Psycholoty, 47: 485-497.

Crockett, S. & Hays, D. G. (2015). The influence of supervisor multicultural competence on the supervisory working alliance, supervisee counseling self-efficacy, and supervisee satisfaction with supervision: a mediation model. Counselor Education and Supervision, 54(4): 258-273.

Degges-White, S. E., Colon, B. R. & Borzumato-gainey, C. (2013). Counseling supervision within a feminist framework: guidelines for intervention. The Journal of Humanistic Counseling, 52: 92-105.

Doehrman, M. J. G. (1976). Parallel processes in supervision and psychotherapy. Bulletin of the Menninger Clinic, 40(1): 1-104.

Efstation, J. E., Patton, M. J. & Kardash, C. M. (1990). Measuring the working alliance in counselor supervision. Journal of Counseling Psychology, 37(3): 322-329.

Efstation, J. F., Patton, M. J. & Kardash, C. A. M. (1990). Measuring the working alliance in counselor supervision. Journal of Counseling Psychology, 37(3): 322-329.

Ellis, M. V., Berger, L., Hanus, A. E., Ayala, E. E., Swords, B. A. & Siembor, M. (2014). Inadequate and harmful clinical supervision: testing a revised framework and assessing occurrence. The Counseling Psychologist, 42(4): 434-472.

Evans, R., Elwyn, G. & Edwards, A. (2004). Review of instruments for peer assessment of physicians. BMJ, 328(7450): 1240.

Falender, C. (2020). Sample supervision contract. http://www.cfalender.com/assets/

final-supervision-contract. pdf.

Falender, C. A. & Shafranske, E. P. (2007). Clinical supervision: a competency-based approach. American Psychological Association.

Falender, C. A. & Shafranske, E. P. (2011). The importance of competency-based clinical supervision and training in the twenty-first century: why bother?. Journal of Contemporary Psychotherapy. 42. 1-9.

Falender, C. A. & Shafranske, E. P. (2021). Clinical supervision: a competency-based approach (2nd ed.). American Psychological Association.

Falvey, J. E. (2002). Managing clinical supervision: ethical practice and legal risk management. Pacific Grove, CA: Brooks/Cole.

Fletcher, C. & Bailey, C. (2003). Assessing self-awareness: some issues and methods. Journal of Managerial Psychology, 18(5): 395-404.

Fouad, N. A. , Grus, C. L. , Hatcher, R. L. , Kaslow, N. J. , Hutchings, P. S. , Madson, M. B. , Collins, F. L. & Crossman, R. E. (2009). Competency benchmarks: a model for understanding and measuring competence in professional psychology across training levels. Training & Education in Professional Psychology, 3(4, Suppl): S5-S26.

Frey, L. L. , Beesley, D. & Liang, Y. S. (2009). The client evaluation of counseling inventory: initial validation of an instrument measuring counseling effectiveness. Training & Education in Professional Psychology, 3(1): 28-36.

Friedlander, M. L. (2012). Therapist responsiveness: mirrored in supervisor responsiveness. The Clinical Supervisor, 3(1): 103-119.

Friedlander, M. L. (2015). Use of relational strategies to repair alliance ruptures: how responsive supervisors train responsive psychotherapists. Psychotherapy, 52(2): 174-179.

Friedlander, M. L. , Siegel, S. M. & Brenock, K. (1989). Parallel processes in counseling and supervision: a case study. Journal of Counseling Psychology, 36(2): 149-157.

Garrett, M. (2017). Enhancing counselor supervision with sandtray interventions. Journal of Higher Education Theory and Practice, 17(5): 39-45.

Gazzola, N. & Theriault, A. (2007). Super-(or not-so -super) vision of counselors in-training: supervisee perspectives on broadening and narrowing process. British Journal of Guidance and Counseling, 35(2): 189-204.

Gelso, C. A. & Carter, A. (1985). The relationship in counseling and psychotherapy. The Counseling Psychologist, 13(2): 155-243.

Giordano, A., Clarke, P. & Borders, L. D. (2013). Using motivational interviewing techniques to address parallel process in supervision. Counselor Education and Supervision, 52(1): 15-29.

Gnilka, P. B., Chang, C. Y. & Dew, B. J. (2012). The relationship between supervisee stress, coping resources, the working alliance, and the supervisory working alliance. Journal of Counseling and Development, 90(1): 63-70.

Greenson, R. R. (1965). The working alliance and the transference neurosis. Psychoanalytic Quarterly, 34: 155-181.

Guiffrida, D. (2015). A constructive approach to counseling and psychotherapy supervision. Journal of Constructivist Psychology, 28(1): 40-52.

Gunn, J. E. & Pistole, M. C. (2012). Trainee supervisor attachment: explaining the alliance and disclosure in supervision. Training and Education in Professional Psychology, 6(4): 229-237.

Haggerty, G. & Hilsenroth, M. J. (2011). The use of video in psychotherapy supervision. British Journal of Psychotherapy, 27(2): 193-210.

Hanna, M. A. & Smith, J. (2011). Using rubrics for documentation of clinical work supervision. Counselor Education & Supervision, 37(4): 269-278.

Hatcher, R. L. & Gillaspy, J. A. (2006). Development and validation of a revised short version of the working alliance inventory. Psychotherapy Research, 16(1): 12-25.

Hatcher, R. L., Fouad, N. A., Grus, C. L., Campbell, L. F., McCutcheon, S. R. & Leahy, K. L. (2013). Competency benchmarks: practical steps toward a culture of competence. Training and Education in Professional Psychology, 7(2): 84-91.

Hoffman, M. A., Hill, C. E., Holmes, S. E. & Freitas, G. F. (2005). Supervisor perspective on the process and outcome of giving easy, difficult, or no feedback to supervisees. Journal of Counseling Psychology, 52(1): 3-13.

Holloway, E. L. & Neufeldt, S. A. (1995). Supervision: its contributions to treatment efficacy. Journal of Consulting and Clinical Psychology, 63(2): 207-213.

James, I. A., Blackburn, I. M. & Reichelt, F. K. (2000). Manual for the revised CTS (CTS-R) (2nd ed.). Unpublished manualscript, Retrieved from Ian Andrew. James

@ntw. nhs. uk.

Jouriles, N. J. , Emerman, C. L. & Cydulka, R. K. (2002). Direct observation for assessing emergency medicine core competencies: interpersonal skills. Academic Emergency Medicine, 9: 1338-1341.

Jouriles, N. , Burdick, W. & Hobgood, C. (2014). Clinical assessment in emergency medicine. Academic Emergency Medicine, 9(11): 1289-1294.

Kagan, N. , Schauble, P. , Resnikoff, A. , Danish, S. J. & Krathwohl, D. R. (1969). Interpersonal process recall. Journal of Nervous & Mental Disease, 148(4): 365-374.

Kaslow, N. J. , Grus, C. L. , Campbell, L. F. , Fouad, N. A. , Hatcher, R. L. & Rodolfa, E. R. (2009). Competency assessment toolkit for professional psychology. Training and Education in Professional Psychology, 3(4, Suppl): S27-S45.

Kaslow, N. J. , Rubin, N. J. , Forrest, L. , Elman, N. S. , Van Horne, B. A. , Jacobs, S. C. , Huprich, S. K. , Benton, S. A. , Pantesco, V. F. , Dollinger, S. J. , Grus, C. L. , Behnke, S. H. , Miller, D. S. S. , Shealy, C. N. , Mintz, L. B. , Schwartz-Mette, R. , Van Sickle, K. & Thorn, B. E. (2007). Recognizing, assessing, and intervening with problems of professional competence. Professional Psychology: Research and Practice, 38(5): 479-492.

Klein, H. K. & Kagan, N. I. (1997). Interpersonal process recall: influencing human interaction.

Ladany, N. , Friedlander, M. L. & Nelson, M. L. (2005). Critical events in psychotherapy supervision: an interpersonal approach. American Psychological Association.

Lambert, M. J. , Burlingame, G. M. , Umphress, V. , Hansen, N. B. , Vermeersch, D. A. , Clouse, G. C. & Yanchar, S. C. (1996). The reliability and validity of the outcome questionnaire. Clinical Psychology & Psychotherapy, 3(4): 249-258.

Lee, R. W. & Cashwell, C. S. (2001). Ethical issues in counseling supervision: a comparison of university and site supervisors. Clinical Supervision, 20(2): 91-100.

Lehrman-Waterman, D. & Ladany, N. (2000). Development and validation of the evaluation process within supervision inventory. Journal of Counseling Psychology, 48(2): 168-177.

Li, C. I. , Fairhurst, S. , Chege, C. , Jenks, E. H. , Tsong, Y. , Golden, D. & Hefley, A. (2016). Card-sorting as a tool for communicating the relative importance of supervisor interventions. The Clinical Supervisor, 35(1): 80-97.

Liddle, B. J. (1986). Resistance in supervision: a response to perceived threat. Counselor Education and Supervision, 26: 117-127.

Loganbill, C., Hardy, E. & Delworth, U. (1982). Supervision: a conceptual model. The Counseling Psychologist, 10(1): 3-42.

Manring, J., Beitman, B. D. & Dewan, M. J. (2003). Evaluating competence in psychotherapy. Acad Psychiatry, 27(3): 136-144.

McCarthy, A. K. (2013). Relationship between supervisory working alliance and client outcomes in state vocational rehabilitation counseling. Rehabilitation Counseling Bulletin, 57(1): 23-30.

Mehr, K. E., Ladany, N. & Caskie, G. I. L. (2010). Trainee nondisclosure in supervision: what arethey not telling you?. Counselling and Psychotherapy Research, 10 (2): 103-113.

Miller, S. D., Duncan, B. L., Sorrell, R. & Brown, G. S. (2010). The partners for change outcome management system. Journal of Clinical Psychology, 61(2): 199-208.

Nelson, M. L. & Friedlander, M. L. (2001). A close look at conflictual supervisory relationships: the trainee's perspective. Journal of Counsel Psychology, 48(4): 384-395.

Nelson, M. L., Barnes, K. L., Evans, K. L. &Triggiano, P. J. (2008). Working with conflict in supervision: wise supervisors' perspectives. Journal of Counseling Psychology, 55(2), 172-184.

Nelson, M. L., Gray, L. A., Friedlander, M. L., Ladany, N. & Walker, J. A. (2001). Toward relationship-centered supervision: reply to Veach (2001) and Ellis (2001). Journal of Counseling Psychology, 48(4): 407-409.

Overington, L., Fitzpatrick, M., Hunsley, J. & Drapeau, M. (2015). Trainees' experiences using progress monitoring measures. Training and Education in Professional Psychology, 9(3): 202-209.

Petti & Patrick, V. (2008). The use of structured case presentation examination to evaluate clinical competencies of psychology doctoral students. Training & Education in Professional Psychology, 2(3): 145-150.

Reese, R. J., Usher, E. L., Bowman, D. C., Norsworthy, L. A., Halstead, J. L., Rowlands, S. R. & Chisholm, R. R. (2009). Using client feedback in psychotherapy training: an analysis of its influence on supervision and counselor self-efficacy. Training & Education in Professional Psychology, 3(3): 157−168.

Rodolfa, E., Bent, R., Eisman, E., Nelson, P., Rehm, L. & Ritchie, P. (2005). A cube model for competency development: implications for psychology educators and regulators. Professional Psychology: Research and Practice, 36(4): 347−354.

Romos-Sanchez, L., Esnil, E., Goodwin, A., Riggs, S., Touster, L. O., Wright, L. K., Ratanasiripong, P. & Rodolf, E. (2002). Negative supervisory events: effects on supervision satisfaction and supervisory alliance. Professional Psychology: Research and Practice, 33(2): 197−202.

Roth, A. D. & Pilling, S. (2007). The competences required to deliver effective cognitive and behavioural therapy for people with depression and with anxiety disorders. UK Department of Health.

Rousmaniere, T. G. & Ellis, M. V. (2013). Developing the construct and measure of collaborative clinical supervision. Training & Education in Psychology, 7(4): 300−308.

Russell, R. K. & Petrie, T. (1994). Issues in training effective supervisors. Applied & Preventive Psychology, 3: 27−42.

Schultz, J. C., Ososkie, J. N., Fried, J. H., Nelson, R. E. & Bardos, A. N. (2002). Clinical supervision in public rehabilitation counseling settings. Rehabilitation Counseling Bulletin, (45): 213−222.

Schweitzer, R. D. & Witham, M. (2018). The supervisory alliance: comparison of measures and implications for a supervision toolkit. Counselling and Psychotherapy Research, 18(1): 71−78.

Searles, H. F. (2015). The informational value of the supervisor's emotional experience. Psychiatry, 78: 199−211.

Stadter, M. (2015). Through a mirror experientially: self-reflection and the reflection process. Psychiatry, 78: 236−238.

Sudak, D. M., Ⅲ, R. T. C., Ludgate, J., Sokol, L., Fox, M. G., Reiser, R. & Milne, D. L. (2016). Teaching and supervising cognitive behavioral therapy. New Jersey: John Wiley & Sons.

Thomas, J. T. (2007). Informed consent through contracting for supervision: minimizing risks, enhancing benefits. Professional Psychology: Research and Practice, 38(3): 221−231.

Tracey, T. J. G., Bludworth, J. & Glidden-Tracey, C. E. (2012). Are there parallel processes in psychotherapy supervision: an empirical examination. Psychotherapy: Theory, Research, Practice, Training, 49(3): 330-343.

Tsong, Y. & Goodyear, R. K. (2014). Assessing supervision's clinical and multicultural impacts: the supervision outcome scale's psychometric properties. Training and Education in Professional Psychology, 8(3): 189-195.

Wainwright, N. A. (2010). The development of the leeds alliance in supervision scale (LASS): a brief sessional measure of the supervisory alliance. University of Leeds.

Watkins, C. E. (2011). Toward a tripartite vision of supervision for psychoanalysis and Psychoanalytic psychotherapies: alliance, transference-counter transference configuration, and real relationship. Psychoanalytic Review, 98(4): 557-590.

Watkins, C. E., Jr., Budge, S. L. & Callahan, J. L. (2015). Common and specific factors converging in psychotherapy supervision: a supervisory extrapolation of the Wampold/Budge psychotherapy relationship model. Journal of Psychotherapy Integration, 25(3): 214-235.

Watkins, C. E., Reyna, S. H., Ramos, M. J. & Hook, J. N. (2015). The ruptured supervisory alliance and its repair: on supervisor apology as a reparative intervention. The Clinical Supervisor, 34(1): 98-114.

White, M. B. & Russell, C. S. (1997). Examining the multifaceted notion of isomorphism in marriage and family therapy supervision: a quest for conceptual clarity. Journal of Marital and Family Therapy, 23: 315-333.

Worthen, V. & McNeill, B. W. (1996). A phenomenological investigation of "good" supervision events. Journal of Counseling Psychology, 43(1): 25-34.

心理咨询与治疗丛书

978-7-300-17190-6	助人技术：探索、领悟、行动三阶段模式（第3版）	克拉拉·E. 希尔
978-7-300-19858-3	心理咨询导论（第6版）	塞缪尔·格莱丁
978-7-300-15395-7	心理咨询的伦理与实践	莱恩·斯佩里
978-7-300-19167-6	认知行为疗法：技术与应用	大卫·韦斯特布鲁克 等
978-7-300-21889-2	儿童心理咨询（第8版）	唐娜·亨德森
978-7-300-18423-4	心理治疗师的会谈艺术	比尔·麦克亨利
978-7-300-22848-8	叙事疗法	卡特里娜·布朗 等
978-7-300-23385-7	人为中心疗法	伊万·吉伦
978-7-300-20703-2	整合性心理咨询实务（第2版）	休·卡利 等
978-7-300-16870-8	朋辈心理咨询：技巧、伦理与视角（第2版）	文森特·J. 丹德烈亚
978-7-300-16764-0	理性情绪行为咨询实务（第3版）	温迪·德莱顿 等
978-7-300-13305-8	焦虑障碍与治疗（第二版）	戴维·H. 巴洛
978-7-300-29975-4	儿童心理咨询	杨琴
978-7-300-30251-5	心理咨询与治疗伦理	安芹
978-7-300-31817-2	**心理咨询与治疗督导手册**	**贾晓明**

* * * *

了解图书详情，请登录中国人民大学出版社官方网站：

www. crup. com. cn